THIAGO FONTES SANTOS

ELEMENTOS DE ÁLGEBRA

EDITORA CIÊNCIA MODERNA

Elementos de Álgebra

Editor: Paulo André P. Marques
Produção Editorial: Dilene Sandes Pessanha
Capa: Daniel Jara
Copidesque: Equipe Ciência Moderna

FICHA CATALOGRÁFICA

SANTOS, Thiago Fontes.

Elementos de Álgebra

Rio de Janeiro: Editora Ciência Moderna Ltda., 2023.

1. Matemática 2. Álgebra e teoria numérica
I — Título

ISBN: 978-65-5842-301-0 CDD 510
512

Editora Ciência Moderna Ltda.
R. Alice Figueiredo, 46 – Riachuelo
Rio de Janeiro, RJ – Brasil CEP: 20.950-150
Tel: (21) 2201-6662/ Fax: (21) 2201-6896
E-MAIL: LCM@LCM.COM.BR
WWW.LCM.COM.BR **09/23**

Agradecimentos

Desejo manifestar minha mais profunda gratidão a todos os estimados colegas da Universidade Federal de Ouro Preto (UFOP), que desempenharam um papel fundamental na concepção e desenvolvimento deste livro.

Expresso, também, meus sinceros agradecimentos à equipe incansável da edição e produção, cujo árduo trabalho e dedicação foram cruciais na realização desta obra.

É com imensa gratidão que reconheço o apoio incondicional da minha querida esposa, que compreendeu a importância deste momento de criação, mesmo diante da renúncia a contemplar os raios solares.

Por fim, mas não menos significativo, quero expressar minha profunda gratidão aos estudantes e leitores que haverão de se debruçar sobre estas páginas. Seu interesse ardente e curiosidade insaciável pela matemática são fontes inesgotáveis de inspiração. É meu anseio que esta obra sirva para nutrir o amor de vocês por essa disciplina e solidificar vossas competências matemáticas.

À todos que desejam obter conhecimento.

Prefácio

Este livro teve sua origem na necessidade que o autor deparou em lecionar disciplinas álgebra na UFOP no departamento de matemática, onde não tinha um livro com uma ordem coerente para a ementa dos cursos. Assim, foram feitas algumas notas de aula e convertidas no formato atual.

Não temos a pretensão de exaurir os temas aqui abordados e já convidados os leitores que complementem, sempre que necessário, os conteúdos.

Qualquer sugestão será bem-vinda pelo e-mail: `santostf@ufop.edu.br`.

Thiago Fontes Santos

Lista de ilustrações

Sumário

CAPÍTULO 1

Representação Numérica

A representação numérica é uma ferramenta fundamental na matemática e em várias áreas do conhecimento. Ela nos permite expressar quantidades e realizar operações de maneira eficiente e precisa. Desde os primeiros sistemas de numeração desenvolvidos pela humanidade até os avançados métodos utilizados atualmente, a representação numérica desempenha um papel crucial em nossa compreensão e comunicação dos números.

Ao longo da história, diversas civilizações desenvolveram seus próprios sistemas de numeração, como os egípcios, os babilônios e os romanos. No entanto, foi a introdução do sistema decimal que revolucionou a forma como representamos os números. Baseado no conceito de agrupamento em grupos de 10, o sistema decimal utiliza dez símbolos - os algarismos de 0 a 9 - combinados de diferentes maneiras para representar qualquer quantidade. Esse sistema tornou-se universalmente adotado devido à sua simplicidade e eficiência.

A representação numérica também permite a realização de

operações matemáticas, como adição, subtração, multiplicação e divisão. Os algoritmos utilizados nesses cálculos são baseados na manipulação dos dígitos dos números, seguindo regras bem definidas. Através desses algoritmos, podemos resolver problemas complexos de maneira sistemática e precisa.

Além do sistema decimal, existem outros sistemas de numeração utilizados em contextos específicos, como o sistema binário, utilizado na computação, e o sistema hexadecimal, comumente usado na programação. Esses sistemas se baseiam em diferentes bases numéricas e possuem símbolos específicos para representar os números.

A representação numérica vai além dos números inteiros e inclui também os números racionais e irracionais. Números fracionários, decimais e até mesmo números complexos podem ser representados de maneira adequada, permitindo-nos trabalhar com uma ampla gama de valores.

A compreensão da representação numérica é essencial para a alfabetização matemática e para o desenvolvimento de habilidades numéricas sólidas. É uma linguagem universal que nos permite expressar quantidades, resolver problemas e explorar o mundo dos números. Ao dominar a representação numérica, ganhamos uma poderosa ferramenta para a compreensão e o raciocínio matemático, capacitando-nos a explorar os mistérios e as aplicações da matemática em nossa vida cotidiana.

Agora, vamos entender o que seja representar. Desde os nossos primeiros ensinamentos, somos instruídos a encurtar palavras ou usar símbolos para expressar ideias. Observe as imagens abaixo:

Certamente você já viu essas imagens. A figura (1) é uma placa

Figura 1 – Placa de trânsito

Figura 2 – Conexão sem fio

de trânsito que representa universalmente que você não pode estacionar seu veículo. Já a segunda figura, representa a conexão bluetooth, bem conhecida para quem usa smartphones nos dias atuais. Veja que tais figuras cumprem bem seu propósito.

Já em matemática, temos vários exemplos desse tipo de síntese. Se, por exemplo, escrevemos S^1, em praticamente todos os livros de geometria plana, representa a região do plano onde todos os pontos equidistam de um ponto fixado, ou simplesmente chamamos de circunferência.

Dito isto, podemos agora falar sobre **representação numérica**. Desde nossa formação inicial, somos ensinados a usar o *sistema decimal*. A rigor, este sistema é chamado *Hindu-Arábico* e admite os símbolos (ou dígitos):

$$\{0,1,2,3,4,5,6,7,8,9\} \tag{1.1}$$

Este é o sistema que usamos no dia a dia e já sabemos que ele é *posicional*, ou seja, $603 \neq 306$. Além disso, podemos escrever como potências de 10 usando os símbolos de (1.1):

$$2017 = 2 \cdot 10^3 + 0 \cdot 10^2 + 1 \cdot 10^1 + 7 \cdot 10^0$$

Além do sistema decimal, Outro sistema numérico bem conhecido, principalmente na área computacional, é o *sistema binário*.

Formado por apenas dois representantes, a saber:

$$\{0, 1\} \tag{1.2}$$

O ASCII (American Standard Code for Information Interchange) é uma extensão do código binário, usado para codificação de caracteres de oito bits em computadores para a representação textual. Através desses códigos ASCII que o PC reproduz 256 caracteres, dentre os quais a maioria é usada na redação e processamento de texto – são as letras que usamos para escrever em editores, como o Word.

Não poderíamos deixar de comentar sobre o *sistema Hexadecimal*. Tal sistema é formado pelos seguintes símbolos:

$$\{0, 1, 2, 3, 4, 5, 6, 7, 8, 9, A, B, C, D, E, F\} \tag{1.3}$$

onde $A = 10$, $B = 11$, $C = 12$, $D = 13$, $E = 14$ e $F = 15$.

A importância deste sistema está na facilidade de usá-lo para codificar o sistema de cores RGB. Por exemplo, se desejamos codificar a cor vermelho no sistema hexadecimal, temos que converter o código RGB $[255, 0, 0]$. Por razões que explicaremos depois, obtemos para o vermelho a representação $FF0000_{16}$.

1.1 Sistemas Numéricos

Os sistemas numéricos são conjuntos de regras e símbolos utilizados para representar e manipular números. Eles formam a base para a expressão e o cálculo matemático, permitindo-nos descrever quantidades de forma precisa e eficiente. Embora o sistema decimal seja o mais comum e amplamente utilizado, existem outros sistemas numéricos que desempenham papéis importantes em diferentes contextos.

O sistema decimal, também conhecido como sistema de base 10, é amplamente utilizado na vida cotidiana. Ele utiliza dez símbolos, de 0 a 9, para representar as quantidades. A posição dos dígitos no sistema decimal é crucial, pois eles têm valores diferentes dependendo de sua posição relativa. Por exemplo, o número 245 representa duas centenas, quatro dezenas e cinco unidades. O sistema decimal é fácil de entender e permite a realização de operações aritméticas complexas de forma intuitiva.

No entanto, outros sistemas numéricos também são relevantes em determinados campos. O sistema binário, por exemplo, é fundamental na computação e na eletrônica digital. Ele utiliza apenas dois dígitos, 0 e 1, para representar as quantidades. Cada dígito binário, ou bit, tem um valor que é uma potência de 2, dependendo da posição em que se encontra. O sistema binário é essencial para o funcionamento dos computadores, pois a eletrônica digital trabalha com circuitos que podem estar em estado ligado (representado por 1) ou desligado (representado por 0).

Outro sistema numérico relevante é o sistema hexadecimal, amplamente utilizado na programação de computadores e na ciência da computação. O sistema hexadecimal utiliza 16 símbolos, de 0 a 9 e de A a F, para representar as quantidades. Ele é frequentemente usado para representar endereços de memória, cores e números binários de forma mais compacta e legível. Cada dígito hexadecimal representa um valor que é uma potência de 16.

Além desses sistemas, existem outros sistemas numéricos menos conhecidos, como o sistema octal (base 8) e o sistema duodecimal (base 12), que têm aplicações específicas em certos contextos matemáticos e científicos.

Os sistemas numéricos são essenciais para a comunicação e a realização de operações matemáticas em diferentes áreas do conhecimento. Eles fornecem uma estrutura para a representação e a manipulação dos números, permitindo-nos compreender e explorar as propriedades e relações entre as quantidades. Ao compreender os sistemas numéricos e suas características, ampliamos nossa capacidade de resolver problemas e explorar o vasto mundo da matemática e da ciência.

Neste livro, adotaremos a representação usual para os conjuntos numéricos. Assumiremos que os leitores já conhecem esses conjuntos bem como as operações entre seus elementos.

- $\mathbb{N}$: conjunto dos números naturais
- $\mathbb{Z}$: conjunto dos números inteiros
- $\mathbb{Q}$: conjunto dos números racionais
- $\mathbb{R}$: conjunto dos números reais

Definição 1.1. *Seja $\mu \in \mathbb{N}$, $\mu > 1$, fixado. Dado um $n \in \mathbb{N}$ denotaremos por*

$$(A_m A_{m-1} \dots A_1 A_0)_\mu$$

a representação do número n na base μ, onde cada $A_i \in \{0, 1, 2, \dots, \mu - 1\}$.

Em geral, escrevemos $n_\mu = (A_m A_{m-1} \dots A_1 A_0)_\mu$ e em termos da expansão da notação posicional temos:

$$n_\mu = A_m \cdot u^m + A_{m-1} \cdot u^{m-1} + \dots A_1 \cdot u^1 + A_0 \cdot u^0 \qquad (1.4)$$

Exemplo 1.1.

- 1010_2
- 638_{10}
- ABC_{16}

1.2 Conversão entre bases

Existem métodos específicos para converter números entre diferentes bases. Para converter um número da base s para a base r, é possível utilizar o método das divisões sucessivas, também conhecido como método das "divisões e restos". Esse método envolve a divisão repetida do número original pela base de destino e a coleta dos restos das divisões para determinar os dígitos da nova representação. Para essa finalidade, abordaremos três cenários distintos que englobam todas as situações possíveis.

- (Caso 1:) $(s < r = 10)$ Este é o caso mais simples pois basta usar a equação (1.4). Por exemplo,

$$\begin{aligned} 1010_2 &= 1 \cdot 2^3 + 0 \cdot 2^2 + 1 \cdot 2^1 + 0 \cdot 2^0 \\ &= 10 \end{aligned}$$

- (Caso 2:) $(10 = s < r)$ Para converter um número natural n na base r aplicaremos divisões sucessivas. Por exemplo, vamos converter 17 na base 2. Aplicando tal método, ao final (quando obtermos o primeiro quociente 0) obteremos os símbolos na base binária seguindo a mesma direção da seta a seguir.

- (Caso 3:) $(10 \neq s$ e $r \neq 10)$ Por fim, temos duas bases quaisquer e queremos converter um número n_s em n_r. Neste caso,

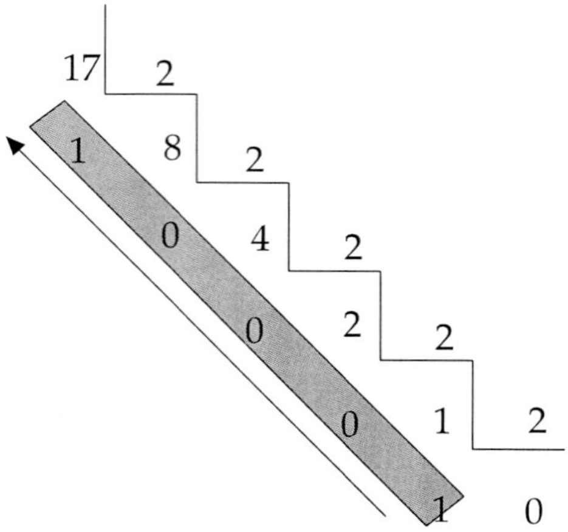

Figura 3 – Divisões sucessivas.

usaremos os casos anteriores da seguinte forma:

$$n_s \to n_{10} \to n_r$$

Observação 1.1. *A conversão de um número fracionário qualquer* ($r \in (0,1)$) *para uma base b também é possível. O procedimento é simples:*

1. *Multiplica-se o r por b (* $r \cdot b$*);*

2. *A parte inteira do resultado obtido é o primeiro dígito do número na base b e, a parte fracionária é, novamente, multiplicada por b;*

3. *O processo é repetido até que se obtenha a parte fracionária nula ou até observar um padrão repetitivo.*

Por exemplo, converter 0.375 *da base 10 para a base 2, temos:*

- $0.375 \cdot 2 = 0.750$

- $0.750 \cdot 2 = 1.500$

- $0.500 \cdot 2 = 1.000$

Portanto 0.375 *na base 2 é* 0.011_2.

A situação do padrão repetitivo, pode ser vista ao tentar aplicar o método no número $0,1$ *na conversão para a base 2, vamos obter* $(0,0001100110011\ldots)_2$.

1.3 Conjunto de Cantor e a Base Ternária

George Cantor (1845-1918) foi um matemático alemão conhecido por suas contribuições significativas para a teoria dos conjuntos. Cantor desenvolveu a teoria dos conjuntos e introduziu o conceito de cardinalidade, que permite comparar o tamanho de diferentes conjuntos. Uma das suas descobertas mais importantes foi a noção de infinitos diferentes. Ele mostrou que existem diferentes tipos de infinitos, alguns maiores do que outros. Essa ideia desafiou a visão tradicional da matemática, que considerava o infinito como um conceito único e indivisível. Cantor também desenvolveu o conceito de conjunto numerável, que é aquele que pode ser colocado em correspondência biunívoca com os números naturais. Além disso, ele provou que existem conjuntos infinitos não numeráveis, como o conjunto dos números reais. O trabalho de Cantor foi altamente controverso e encontrou resistência de alguns matemáticos de sua época. No entanto, suas contribuições revolucionaram a teoria dos conjuntos e tiveram um impacto duradouro na matemática moderna. Ele é amplamente reconhecido como um dos maiores matemáticos de todos os tempos. Um de seus trabalhos é o famoso conjunto que leva seu sobrenome: Conjunto de Cantor ($\mathscr{C}$)!

O conjunto $\mathscr{C}$ é um subconjunto do intervalo $[0,1]$, construído da seguinte forma: Dado o intervalo $[0,1]$, o qual denotaremos por I_0, divide-se I_0 em três partes iguais e remova o terço médio, restando duas partes cujo a união delas é dada por I_1, ou seja,

$$I_1 = \left[0, \frac{1}{3}\right] \cup \left[\frac{2}{3}, 1\right].$$

Novamente dividiremos I_1 em três partes iguais e removeremos o terço médio, restando agora 4 subintervalos, isto é,

$$I_2 = \left[0, \frac{1}{9}\right] \cup \left[\frac{2}{9}, \frac{1}{3}\right] \cup \left[\frac{2}{3}, \frac{7}{9}\right], \left[\frac{8}{9}, 1\right].$$

E assim seguiremos repetindo o processo.

A interseção desses intervalos I_n é o conjunto* $\mathscr{C}$, ou seja,

$$\mathscr{C} = \bigcap_{n=1}^{\infty} I_n. \tag{1.5}$$

Voltando à construção inicial, estamos sempre dividindo os intervalos em 3 partes, que denotaremos por L, M e R o lado esquerdo, o terço médio e o lado direito respectivamente.

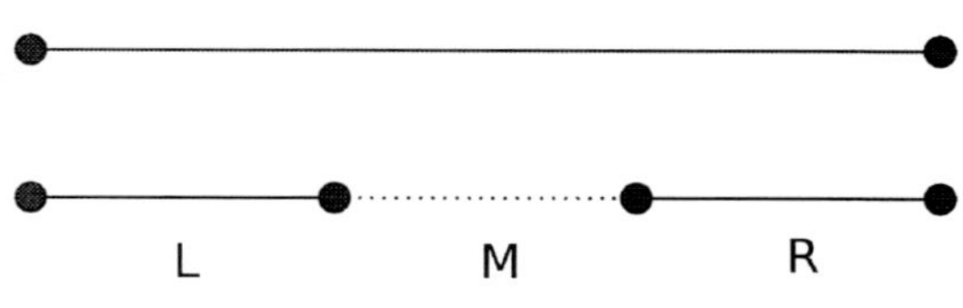

Figura 4 – Ideia da construção do conjunto $\mathbb{C}$.

Podemos relacionar a representação dos pontos no intervalo $[0,1]$ em relação a sua posição em uma das partes divididas.

* Este conjunto um tanto diferente é não-vazio e não-enumerável (Cf. [1]).

- L: dígito 0;
- M: dígito 1;
- R: dígito 2;

Portanto, temos uma relação bem definida de todos os pontos do intervalo $[0, 1]$ com a **base ternária**. Em particular, podemos também descrever os pontos do conjunto de Cantor ($\mathscr{C}$). Diferente do que a intuição pode te levar, existem muito mais pontos além dos extremos de cada intervalo subtraído. Além disso, conforme a construção de $\mathscr{C}$, todo elemento deste conjunto tem uma expressão na base ternária formada por apenas 0 e/ou 2. Note que o contrário não é verdade, ou seja, um elemento cuja expressão na base 3 tem um ou mais elementos 1 não quer dizer que tal elemento não pertence a $\mathscr{C}$.

Exemplo 1.2. *Represente* $1/3$ *na base* 3 *de duas formas distintas.*

Podemos fazer isso com representações, uma começando a esquerda e outra a direita. No caso 1, note que na primeira divisão temos necessariamente dígito 0 por estar na esquerda. Logo, a representação começa com $(0.0xxxx)_3$. Após isso, temos que tomar todos os dígitos na direita, ou seja,

$$(0.02222\ldots)_3$$

No outro caso, começamos no meio, logo a representação inicia com $(0.1xxxx)_3$. Em seguida, temos que tomar todos os demais dígitos na esquerda. Logo, a representação é

$$(0.100000\ldots)_3$$

Para verificar se nossas expressões estão corretas, vamos converter ambas as representações para a base 10.

$$\bullet\ (0.02222\ldots)_3 = \frac{0}{3^1} + 2 \cdot \sum_{i=2}^{\infty} \frac{1}{3^i} = 2 \cdot \frac{\frac{1}{3^2}}{1 - \frac{1}{3}} = \frac{1}{3}$$

$$\bullet\ (0.100000\ldots)_3 = \frac{1}{3^1} + 0 \cdot \sum_{i=2}^{\infty} \frac{1}{3^i} = \frac{1}{3}$$

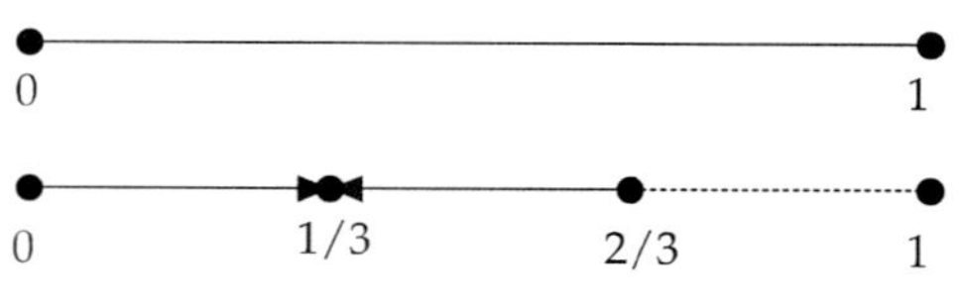

Figura 5 – Conjunto de Cantor vs Base ternária

Já sabíamos que $1/3 \in \mathscr{C}$ pois todos os extremos dos intervalos em cada passo da construção não são retirados. Além disso, com a representação acima, mesmo tal ponto tendo uma representação com dígito 1, o que importa é sua escrita com dígitos 0 e 2. $\square$

Exemplo 1.3. *Mostre que* $1/4 \in \mathscr{C}$.

Basta exibir uma expressão com dígitos 0 e 2 como fizemos acima. Usaremos o procedimento da observação (1.1).

$$\begin{aligned} 0.25 \cdot 3 &= 0.75 \\ 0.75 \cdot 3 &= 2.25 \\ 0.25 \cdot 3 &= 0.75 \\ 0.75 \cdot 3 &= 2.25 \end{aligned}$$

Nota-se então que a representação de $1/4$ na base 3 será

$$1/4 = (0.020202\ldots)_3$$

Logo, $1/4 \in \mathscr{C}$. $\square$

Uma interessante leitura complementar pode ser feita pelo livro [6].

1.4 Exercícios

1. Faça as conversões de base.

    a) $(ABADE.CCFF)_{16}$, base 10.

    b) $(1011111000110101.01101110110)_2$, base 10.

    c) $(1011111000110101)_2$, base 4.

    d) $(687805)_9$, base 7.

    e) $(677504)_8$, base 5.

    f) 0.8, base 2.

    g) 0.3125, base 2.

2. Escreva $2/3$ de duas formas distintas na base 3. Podemos dizer que $2/3 \in \mathscr{C}$?

3. Exiba um $r \in \mathscr{C}$ diferente dos abordados até o momento.

4. Repita o processo feito na imagem (5) e exiba uma ilustração da posição de $(0.002)_3$.

5. Prove que 4.41_b é um quadrado perfeito para qualquer base b.

6. Seja $n \in \mathbb{N}$ e d um dígito de n na base 10. Determine n sabendo que

$$\frac{n}{810} = 0, d25d25d25...$$

CAPÍTULO 2

Axioma da Boa Ordenação e PIM

Os assuntos deste capítulo são indissociáveis quando estamos falando do conjunto dos números naturais ($\mathbb{N}$). Isto porque eles seguem a intuição que todos temos em exemplos mais simples. Veja os seguintes subconjuntos dos naturais abaixo:

$$\begin{aligned} A &= \{2,4,6,\ldots\} \\ B &= \{1,3,5,\ldots\} \end{aligned}$$

Se perguntado qual o menor número de A ou B, sem muitos problemas sabemos dizer. Na verdade, essa ideia de menor elemento se mantém para qualquer subconjunto de $\mathbb{N}$.

Em termos matemáticos, dizemos que $s \in S \subset \mathbb{N}$ é o menor elemento de S se

$$s \leq x, \; \forall x \in S. \tag{2.1}$$

2.1 Axioma da Boa Ordenação

De maneira simplista, como é o axioma, o enunciamos da seguinte forma:

Axioma 2.1. *Todo subconjunto não-vazio de $\mathbb{N}$ possuem um menor elemento.*

Com este axioma* podemos provar alguns resultados interessantes. A seguir, vamos ver dois exemplos iniciais.

Exemplo 2.1. *Mostre que não existe $n \in \mathbb{N}$ tal que $0 < n < 1$.*

Vamos provar tal fato usando o axioma (2.1). Suponha que, por absurdo, existe um $m \in \mathbb{N}$ com $m \in (0,1)$. Considere o conjunto

$$X = \{n \in \mathbb{N} | 0 < n < 1\}$$

Pela afirmação prévia, $X \neq \emptyset$. Pelo axioma (2.1), o conjunto X possui um menor elemento, digamos $r \in X$. Como

$$0 < r < 1$$

temos que

$$0 < r^2 < r < 1$$

O que obtemos? Acabamos de encontrar outro elemento de X menor que r que já era o menor elemento. Esse absurdo vem da hipótese que X é não-vazio. Portanto, $X = \emptyset$ e nossa afirmação é verdadeira. □

Agora, vamos mostrar algo bem conhecido: $\sqrt{2}$ não é racional.

* Axioma é uma afirmação matemática aceita sem provas.

Exemplo 2.2. *Mostre que* $\sqrt{2} \notin \mathbb{Q}$.

Suponha que tal afirmação seja falsa, ou seja, existem $a, b \in \mathbb{N}$, sem fatores em comum, tal que

$$\sqrt{2} = \frac{a}{b}$$

Agora, considere o conjunto

$$X = \{n\sqrt{2} \mid n, n\sqrt{2} \in \mathbb{N}\}$$

Pela afirmação que fizemos para $\sqrt{2}$, temos que $a \in X$ e segue que $X \neq \emptyset$. Pelo axioma (2.1), existe um menor elemento que denotaremos por j. Como $j \in X$, existe $k \in \mathbb{N}$ tal que

$$j = k\sqrt{2}$$

Podemos notar que $j - k > 0$ pois

$$\begin{aligned}(j-k)\sqrt{2} &= j\sqrt{2} - k\sqrt{2} \\ &= j\sqrt{2} - j \\ &= j(\sqrt{2} - 1) > 0\end{aligned}$$

Dai, $(j-k)\sqrt{2} \in X$. Porém,

$$\begin{aligned}(j-k)\sqrt{2} &= j\sqrt{2} - k\sqrt{2} \\ &= 2k - k\sqrt{2} \\ &= k(2 - \sqrt{2}) \\ &< k\sqrt{2} = j\end{aligned}$$

Mas, isto não pode acontecer pois j já é o menor elemento de X. Portanto, $\sqrt{2} \notin \mathbb{Q}$. $\square$

Nesses dois exemplos, percebemos um padrão: o conjunto X! Este conjunto representa os contra exemplos da afirmação dada. E a meta é provar que ele é vazio.

Para mostrar que "$P(n)$ é verdadeiro para todo $n \in \mathbb{N}$", um roteiro sugestão é:

1. Defina o conjunto dos contraexemplos, ou seja,

   $$X = \{n \in \mathbb{N} \mid P(n) \text{ é falso.}\}$$

2. Assuma que $X \neq \emptyset$;
3. Use o axioma (2.1) para garantir um menor elemento de X;
4. Manipule de alguma forma até chegar numa contradição do que foi dito ou alguma verdade já estabelecida.
5. Conclua que X deve ser vazio e, portanto, a afirmação $P(n)$ é verdadeira $\forall n \in \mathbb{N}$.

Exemplo 2.3. *Se $a, b \in \mathbb{N}$ tais que $\dfrac{a^2+b^2}{1+ab} \in \mathbb{N}$ então $\dfrac{a^2+b^2}{1+ab}$ é quadrado perfeito.*

Deixaremos ao leitor verificar que $a = b$ implica $k = 1$. Suponha que $\dfrac{a^2+b^2}{1+ab}$ não quadrado perfeito. Defina

$$X = \left\{ \max(a,b) | k = \frac{a^2+b^2}{1+ab} \text{ não é quadrado perfeito} \right\}$$

Sem problemas, podemos supor que $a < b$ (o outro caso, $a > b$, é análogo). Nesta situação, $\max(a,b) = b$. Por hipótese, $X \neq \emptyset$. Pelo axioma (2.1) existe um menor elemento que o denotaremos por b_1. Observe que

$$k = \frac{a^2+b^2}{1+ab}$$

nos dá a equação polinomial

$$b^2 - (ka)b + a^2 - k = 0 \tag{2.2}$$

que possui duas raízes sendo b_1 uma delas pois $b_1 \in X$. Seja b_2 a outra raiz. As relações das raízes de (2.2) nos dizem que

- $b_1 + b_2 = ka$
- $b_1 b_2 = a^2 - k$

Como $b_2 = ka - b_1$ e satisfaz (2.2) então $b_2 \in X$. Além disso,

$$b_2 = \frac{a^2-k}{b_1} < \frac{b_1^2-k}{b_1} < b_1$$

E temos que b_2 é menor que b_1, um absurdo. Portanto, $X = \emptyset$ e nossa afirmação é verdadeira. □

Exemplo 2.4. *Todo número natural pode ser escrito com um produto finito de números primos.*

Seguindo o modelo, vamos definir o conjunto dos contraexemplos:

$$X = \{m \in \mathbb{N} | m \text{ não é produto finito de primos}\}$$

Suponha que $X \neq \emptyset$. Seja n o menor elemento de X. Note que n não é primo pois do contrário ele seria um produto com apenas um elemento de primos. Desse modo, $n = ab$ com $a, b < n$. Dai, $a, b \notin X$ e. portanto, podem ser escritos como produto finito de primos, ou seja,

$$\begin{aligned} a &= \prod_{i=1}^{s} p_i \\ b &= \prod_{i=1}^{t} q_i \end{aligned}$$

onde p_i e q_i são números primos. Segue que

$$n = \left(\prod_{i=1}^{s} p_i\right)\left(\prod_{i=1}^{t} q_i\right)$$

Isto implica que n é um produto finito de primos, o que é um absurdo pois $n \in X$. Portanto, $X = \emptyset$ e a afirmação é verdadeira. □

2.2 Princípio de Indução Matemática (PIM)

Uma brincadeira que muitas crianças fazem é empilhar as peças de um jogo de dominó (geralmente com 28 peças) como na figura 6 e ao derrubar a primeira peça, ver o efeito nas demais, sendo derrubadas em seguida.

Figura 6 – Efeito dominó

Imagine se seu conjunto de peças fosse infinito. Isso quer dizer que na mesma brincadeira, se você for capaz de derrubar a **primeira peça**, todas serão derrubadas.

Este caso, sintetiza a ideia por trás do **princípio de indução**. Iremos provar tal princípio através do axioma (2.1). Deixaremos ao leitor provar que o contrário também é possível, ou seja, admitir o princípio como verdade e dele provar o axioma (Cf. exercício 7). Em outras palavras, acabamos de "provar"que:

Teorema 2.1. *O axioma da boa ordenação é equivalente ao princípio de indução.*

A seguir, enunciamos a primeira forma do princípio e sua prova admitindo o axioma (2.1).

Teorema 2.2. *(Princípio da indução) Seja S um subconjunto de $\mathbb{N}$ que possui duas propriedades:*

1. $1 \in S$.

2. *Para todo* $k \in \mathbb{N}$, *se* $k \in S$ *então* $k+1 \in S$.

Então $S = \mathbb{N}$.

Demonstração. Suponha que $S \neq \mathbb{N}$. Então $A = \mathbb{N} \setminus S$ é não-vazio. Pelo axioma (2.1), existe $m \in A$ menor elemento. Como $1 \in S$, então $m > 1$. Isto quer dizer que $m - 1 \in \mathbb{N}$. Desde que $m - 1 < m$ e m é o menor natural tal que $m \notin S$, temos que $m - 1 \in S$. Agora, pela propriedade (2) que tem o conjunto S, temos que $m = (m-1)+1 \in S$, o que é um absurdo pois $m \notin S$. Portanto, $A = \emptyset$ e $S = \mathbb{N}$. □

Este teorema é frequentemente usado para provar afirmações matemáticas indexadas sobre $\mathbb{N}$. A forma mais comum é dada a seguir. Seja $P(n)$ uma afirmação sobre $n \in \mathbb{N}$. Suponha que:

1. $P(1)$ é verdadeiro.

2. $\forall\, k \in \mathbb{N}$, se $P(k)$ é verdadeira então $P(k+1)$ é verdadeira.

Então $P(n)$ é verdadeira para todo $n \in \mathbb{N}$.

Em geral, o item (2) acima é chamado **hipótese de indução**. Há situações em que $P(n)$ é verdadeira para alguns valores de n ou a partir de algum natural n_0 . Voltando a ideia do dominó, se começarmos a derrubar as peças a partir de um dado momento, exceto para uma quantidade finita de peças, todos irão cair. Mesma coisa com o princípio de indução.

Corolário 2.1 (Segunda Versão). *Seja $n_0 \in \mathbb{N}$ e $P(n)$ uma afirmação indexada para todo $n \geq n_0$. Suponha que:*

1. *$P(n_0)$ é verdadeiro.*

2. *$\forall\, k \in \mathbb{N}$, $k \geq n_0$ se $P(k)$ é verdadeira então $P(k+1)$ é verdadeira.*

Então $P(n)$ é verdadeira para todo $n \geq n_0$.

Corolário 2.2 (Versão Forte). *Seja S um subconjunto de $\mathbb{N}$ tal que:*

1. $1 \in S$.

2. *Para todo* $k \in \mathbb{N}$, *se* $\{1,2,\dots k\} \subset S$ *então* $k+1 \in S$.

Então $S = \mathbb{N}$.

Agora, para fixar a ideia iremos provar diversas afirmações usando indução matemática.

Exemplo 2.5. *Prove que a expressão*

$$3^{3n+3} - 26n - 27$$

é múltiplo de 169, $\forall\, n \in \mathbb{N}$.

Para usar o princípio de indução na demonstração da afirmação, temos que verificar se para $n = 1$ é verdadeiro. Ora, para este caso temos que $3^6 - 26 - 27 = 676 = 169 \cdot 4$ é claramente múltiplo de 169.

Assuma que seja verdadeiro para $n-1$ (**hipótese de indução**), $n > 1$, ou seja,

$$3^{3n} - 26n - 1 = 169k$$

para algum $k \in \mathbb{N}$. Daí,

$$\begin{aligned} 3^{3n+3} - 26n - 27 &= 27 \cdot 3^{3n} - 26n - 27 \\ &= 27(3^{3n} - 26n - 1) + 676n \\ &= 27 \cdot 169k + 169 \cdot 4 \cdot n \\ &= 169(27k + 4n) \end{aligned}$$

que é múltiplo de 169. Portanto, a afirmação é verdadeira. □

Exemplo 2.6. *Mostre que*

$$(1+\sqrt{2})^{2n} + (1-\sqrt{2})^{2n}$$

é um número par e que

$$(1+\sqrt{2})^{2n} - (1-\sqrt{2})^{2n} = b\sqrt{2}$$

para algum $b \in \mathbb{N}$, $\forall n \geq 1$.

Para $n = 1$, é fácil ver que

$$\begin{aligned}
(1+\sqrt{2})^2 + (1-\sqrt{2})^2 &= 6 \\
(1+\sqrt{2})^2 - (1-\sqrt{2})^2 &= 4\sqrt{2}
\end{aligned}$$

Assuma que seja verdadeiro para $n-1$, $n > 1$, ou seja,

$$\begin{aligned}
(1+\sqrt{2})^{2(n-1)} + (1-\sqrt{2})^{2(n-1)} &= 2k \\
(1+\sqrt{2})^{2(n-1)} - (1-\sqrt{2})^{2(n-1)} &= a\sqrt{2}
\end{aligned}$$

para algum $k, a \in \mathbb{N}$. Agora, para o caso n temos

$$\begin{aligned}
(1+\sqrt{2})^{2n} + (1-\sqrt{2})^{2n} &= (1+\sqrt{2})^2(1+\sqrt{2})^{2(n-1)} \\
&\quad +(1-\sqrt{2})^2(1-\sqrt{2})^{2(n-1)} \\
&= (3+2\sqrt{2})(1+\sqrt{2})^{2(n-1)} \\
&\quad +(3-2\sqrt{2})(1-\sqrt{2})^{2(n-1)} \\
&= 3\cdot 2k + 2\sqrt{2}(a\sqrt{2}) \\
&= 2(3k+2a)
\end{aligned}$$

Deixamos o leitor verificar que, usando a mesma ideia acima, que

$$(1+\sqrt{2})^{2n} - (1-\sqrt{2})^{2n} = (3a+4k)\sqrt{2}.$$

Logo, nossa afirmação é verdadeira. □

Exemplo 2.7. *Um número inteiro n será chamado de* **bom** *se pode ser escrito*

$$n = a_1 + a_2 + \cdots + a_n$$

com cada $a_i \in \mathbb{N}$ (não necessariamente distintos) satisfazendo

$$\frac{1}{a_1} + \frac{1}{a_2} + \cdots + \frac{1}{a_n} = 1$$

Dado a informação que 33 e 73 são **bons**, *prove que todo $n \geq 33$ é* **bom**.

Considere a seguinte afirmação $P(n)$:

Todos os naturais $n, n+1, n+2, \cdots, 2n+7$ são bons.

A informação nos diz que $P(33)$ é verdadeiro. Antes de seguir, vamos provar a seguinte afirmação:

Se $n \in \mathbb{N}$ é bom então $2n - 8$ e $2n + 9$ são bons.

De fato, sendo $n = a_1 + a_2 + \cdots + a_n$ bom temos que

$$2n + 8 = 2a_1 + 2a_2 + \cdots + 2a_n + 4 + 4$$

$$\frac{1}{2a_1} + \frac{1}{2a_2} + \cdots + \frac{1}{2a_n} + \frac{1}{4} + \frac{1}{4} = 1$$

e

$$2n + 9 = 2a_1 + 2a_2 + \cdots + 2a_n + 3 + 6$$

$$\frac{1}{2a_1} + \frac{1}{2a_2} + \cdots + \frac{1}{2a_n} + \frac{1}{3} + \frac{1}{6} = 1$$

Portanto, se $n \in \mathbb{N}$ é bom então $2n+8$ e $2n+9$ são bons. Agora, voltando a afirmação $P(n)$, acabamos de mostrar que $P(n+1)$ é verdadeiro sempre que $P(n)$ o for. Portanto, a afirmação $P(n)$ é verdadeira para $n \geq 33$. □

Exemplo 2.8. *Mostre que*

$$\sum_{i=1}^{n} = \frac{n(n+1)}{2}$$

para todo $n \in \mathbb{N}$.

Para $n = 1$, trivialmente é verdadeiro (deixamos o leitor verificar isso!). Assuma que seja verdadeiro para $n > 1$. Daí,

$$\begin{aligned}
\sum_{i=1}^{n+1} &= 1+2+\cdots+n+(n+1) \\
&= \frac{n(n+1)}{2}+(n+1) \\
&= \frac{n(n+1)+2n+2}{2} \\
&= \frac{n^2+n+2n+2}{2} \\
&= \frac{n^2+3n+2}{2} \\
&= \frac{(n+1)(n+2)}{2}
\end{aligned}$$

Portanto, a afirmação é verdadeira para todo $n \in \mathbb{N}$. □

Observação 2.1. *Deve-se ter cuidado ao usar o princípio de indução pois podemos acabar provando afirmação que não é verdadeira (veja exercício 11). Sempre recomendamos verificar se sua afirmação é verdadeira para alguns valores iniciais.*

Exemplo 2.9. *Dada a seguinte relação de recorrência:*

- $a_0 = 8$
- $a_1 = 10$

- $a_n = 4a_{n-1} - 3a_{n-2}, \forall n \geq 2.$

Mostre que $a_n = 7 + 3^n$, $\forall n \in \mathbb{N} \cup \{0\}$.

Vamos definir a afirmação:

$$P(n): \ a_n = 7 + 3^n.$$

Note que, claramente, $P(0)$ e $P(1)$ são verdadeiros. Vamos supor verdadeiro para $n > 1$. Segue então que

$$\begin{aligned} a_{n+1} &= 4a_n - 3a_{n-1} \\ &= 4 \cdot (7 + 3^n) - 3 \cdot (7 + 3^{n-1}) \\ &= 7 + 4 \cdot 3^n - 3^n \\ &= 7 + 3^{n+1} \end{aligned}$$

Logo, $P(n)$ é válida para todos $n \in \mathbb{N}$. □

Recomendamos ao leitor que complemente os conceitos abordados neste capítulo com os livros [15, 1]

2.3 Exercícios

- Usar Axioma da boa ordenação: 1-5
- Usar Princípio de Indução: a partir de 6

1. Mostre que não existe $t \in \mathbb{N}$ tal que $n < t < n+1$, $\forall n \in \mathbb{N}$.

2. Mostre que se $n \in \mathbb{N}$ então $n(n+1)$ nunca é um quadrado perfeito.

3. Prove que $\forall n \in \mathbb{N}$, temos que

$$\sum_{i=1}^{n} (2i-1) = n^2.$$

4. Mostre que se $n \in \mathbb{N}$ então $n^2 + n + 1$ é ímpar.

5. Dados $a, b \in \mathbb{N}$, com $b > a$, mostre que existem $q, r \in \mathbb{N} \cup \{0\}$ tal que $b = aq + r$ e $0 \leq r < a$.

6. Prove que $\forall n \in \mathbb{N}$, temos que

$$\sum_{i=1}^{n} (2i-1) = n^2.$$

7. Assuma que o princípio de indução é verdadeiro, ou seja, tome ele como um axioma. Prove o axioma de boa ordenação.

8. Mostre que se $n \in \mathbb{N}$ então $n^2 + n + 1$ é ímpar.

9. Mostre que $2^n < n!$, $\forall n > 3$, $n \in \mathbb{N}$.

10. Considere $A = \begin{pmatrix} 1 & 1 \\ 0 & 1 \end{pmatrix}$.

a) Calcule A^2 e A^3 para determinar uma fórmula para A^n, $n > 1$.

b) Prove que a fórmula encontrada acima é válida para todo $n \in \mathbb{N}$.

11. Encontre o erro na seguinte "demonstração" da afirmação:

Em qualquer grupo com n pessoas, todas elas têm a mesma idade.

Demonstração. Se um grupo consiste de uma pessoa, todas têm a mesma idade. Suponha que em qualquer grupo com k pessoas, todas têm a mesma idade. Sejam $a_1, a_2, \ldots, a_{k+1}$ as pessoas em um grupo com $k+1$ pessoas. Desde que as pessoas $a_1, a_2, \ldots, a_k$ e $a_2, \ldots, a_{k+1}$ formam grupos com k pessoas, todas elas têm a mesma idade, por hipótese de indução. Desde que a_2 está em cada um destes grupos, segue que todas as $k+1$ pessoas $a_1, a_2, \ldots, a_{k+1}$ têm a mesma idade. □

12. A sequência de Fibonacci (F_n) pode ser definida recursivamente por:

$$F_1 = 1,\ F_2 = 1,\ F_n = F_{n-1} + F_{n-2}, \text{para } n > 2.$$

Mostre que $\sum_{i=1}^{n} F_i = F_{n+2} - 1$.

13. Com a mesma notação anterior, mostre que $F_n < \left(\frac{7}{4}\right)^n$.

14. Ainda sobre (F_n), Mostre que $\sum_{i=1}^{n} (F_i)^2 = F_n F_{n+1}$.

15. Mostre que $11^{n+2} + 12^{2n+1}$ é divisível por 133, $\forall n \in \mathbb{N}$.

16. Seja (x_n) os números definidos por:

    - $x_1 = 1$
    - $x_2 = 2$
    - $x_{n+2} = \frac{1}{2}(x_{n+1} + x_n)$, $\forall n \in \mathbb{N}$

    Prove que $1 \leq x_n \leq 2$, $\forall n \in \mathbb{N}$.

17. Demonstre que $3^{n-1} < 2^{n^2}$, $\forall n \in \mathbb{N}$.

18. Mostre que, $\forall n \in \mathbb{N}$,

$$\underbrace{\sqrt{2+\sqrt{2+\sqrt{2+\cdots\sqrt{2}}}}}_{n-\text{radicais}} < 2$$

CAPÍTULO 3

Divisibilidade

Neste capítulo, iremos explorar as noções fundamentais de divisibilidade, que são essenciais na teoria dos números. Abordaremos desde os conceitos básicos até a formalização de resultados conhecidos desde o ensino médio, incluindo alguns critérios importantes de divisibilidade. Além disso, nos aprofundaremos na compreensão do teorema fundamental da aritmética, que desempenha um papel crucial na decomposição dos números inteiros em seus fatores primos.

O estudo da divisibilidade é a base para muitos aspectos da teoria dos números, permitindo-nos entender as relações entre os números inteiros e os padrões que emergem de suas interações. Exploraremos propriedades como múltiplos e divisores, bem como as regras que regem suas relações.

Ao longo deste capítulo, exploraremos diversos critérios de divisibilidade, que são ferramentas poderosas para determinar se um número é divisível por outro sem a necessidade de realizar a divisão completa. Esses critérios, embora familiares desde o ensino médio, serão formalmente demonstrados e compreendidos em um contexto mais amplo.

No ápice deste capítulo, introduziremos o teorema fundamental da aritmética, uma pedra angular da teoria dos números. Esse teorema estabelece a unicidade da fatoração de um número inteiro em números primos, demonstrando que cada número natural pode ser decomposto de maneira única em uma multiplicação de fatores primos, independentemente da ordem em que esses fatores aparecem.

Além disso, vamos explorar várias propriedades e resultados relacionados aos números primos. Os números primos, por sua vez, são os blocos fundamentais de construção dos números inteiros, desempenhando um papel crucial na matemática e em muitas aplicações práticas. Vamos examinar propriedades intrigantes dos números primos, como a infinitude dos primos e o famoso Teorema de Euclides, que estabelece a existência de infinitos primos.

Definição 3.1. *Dados $a, b \in \mathbb{Z}$, dizemos que a* ***divide*** *b se existir $k \in \mathbb{Z}$ tal que*

$$b = k \cdot a \tag{3.1}$$

Quando isto ocorre, denotaremos por $a \mid b$. Do contrário, escreveremos $a \nmid b$. É comum dizer que quando $a \mid b$ o número a é ***divisor*** *de b ou que b é* ***divisível*** *por a.*

O leitor deve ficar atento que $a|b$ é diferente de a/b ou $\frac{a}{b}$. Estas últimas formas de escrita são usadas para representar frações enquanto que $a|b$ representa uma definição.

Apenas com esta definição podemos concluir várias propriedades as quais sintetizamos na proposição a seguir:

Proposição 3.1. *Sejam a, b, c, d, m e n números inteiros.*

1. *Se $a \mid b$ e $b \mid c$ então $a \mid c$.*
2. *Se $c \mid a$ e $c \mid b$ então $c \mid (am + bn)$.*
3. *$n \mid n, \forall n \neq 0$.*
4. *Se $d \mid n$ então $(ad) \mid (an)$.*
5. *Se $(ad) \mid (an)$ e $a \neq 0$ então $d \mid n$*
6. *$1|n, \forall n$.*
7. *$n|0, \forall n$.*
8. *Se $d|n$ e $n \neq 0$ então $|n| \geq d$.*
9. *Se $d|n$ e $n|d$ então $|n| = |d|$.*

Demonstração. Provaremos apenas o item *a*) e deixaremos os demais ao leitor.

Se $a \mid b$ e $b \mid c$, temos que encontrar um $k \in \mathbb{Z}$ tal que $c = ka$. Ora, da hipótese, existem k_1 e k_2 inteiros tais que

$$\begin{aligned} b &= k_1 a \\ c &= k_2 b \end{aligned}$$

Daí, $c = (k_1 k_2)a$, ou seja, o inteiro que procuramos é $k = k_1 k_2$. Portanto, $c \mid a$. □

Exemplo 3.1. *Encontre todos $n \in \mathbb{N}$ tais que*

$$(n+1) \mid (n^2+1).$$

Primeiro, note que $n^2 + 1 = (n^2 - 1) + 2 = (n+1)(n-1) + 2$. Agora, vamos mostrar a seguinte afirmação:

$$\text{Se } a \mid (b+c) \text{ e } a \mid b \text{ então } a \mid c.$$

De fato, se $a \mid (b+c)$ e $a \mid b$ então existem inteiros k_1 e k_2 tais que

$$\begin{aligned} b+c &= k_1 a \\ b &= k_2 a \end{aligned}$$

Daí, $c = (k_1 - k_2)a$ e portanto $a \mid c$.

Voltando ao exemplo, se n é tal que $(n+1) \mid (n^2+1)$ então $(n+1) \mid 2$. Segue que $n+1 = 1$ ou $n+1 = 2$. No primeiro caso, temos que $n = 0$ que não pertence aos naturais. Por outro lado, se $n+1 = 2$ então $n = 1$, único valor que satisfaz o pedido. □

Exemplo 3.2. *Mostre que se* $7 \mid (3x+2)$ *então* $7 \mid (15x^2 - 11x - 14)$, $\forall x \in \mathbb{Z}$.

Com efeito, note que $15x^2 - 11x - 14 = (3x+2)(5x-7)$ e o resultado segue imediato. □

3.1 Algoritmo da divisão de Euclides

Agora, vamos tratar uma situação bem comum na teoria dos números: $a \nmid b$. O teorema a seguir nos permite generalizar a ideia do começo deste capítulo.

Teorema 3.1 (Algoritmo da divisão de Euclides). *Sejam* $a, b \in \mathbb{N}$, *com* $b < a$. *Então existem únicos* $q, r \in \mathbb{Z}$ *tal que*

$$a = bq + r \tag{3.2}$$

com $0 \leq r < b$.

Demonstração. Para provar a **existência** de tais q e r, considere o conjunto X abaixo definido

$$X = \{a - bx \in \mathbb{N} \cup \{0\} \; / \; x \in \mathbb{Z}\}$$

Evidentemente que $X \neq \emptyset$ pois $1 \in X$. Pelo axioma (2.1), existe menor elemento que denotaremos por $r = a - bq \in X$. Se $r = 0$ então $b \mid a$ e não temos mais nada a fazer. Suponha que $0 < r$. Temos que provar que $r < b$. Suponha que não, ou seja, $r \geq b$. Isto nos permite observar que

$$\begin{aligned} a - b(q+1) &= a - bq - b \\ &\geq r - b \\ &\geq 0 \end{aligned}$$

e portanto $a - b(q+1) \in X$. Além disso, como $-(q+1) \leq -q$, temos que

$$\begin{aligned} a - b(q+1) &\leq a - bq \\ &= r \end{aligned}$$

Mas isso não pode ocorrer pois r é o menor elemento de X, Portanto, $r < b$. Para provar a **unicidade**, vamos supor que existam dois pares que atendem as condições e no final concluiremos que são os mesmos. De fato, seja q_1 e r_1 inteiros que atendem (3.2). Daí temos que:

$$\begin{aligned} bq + r &= bq_1 + r_1 \\ b(q - q_1) &= r_1 - r \end{aligned}$$

Podemos dizer que $b \mid (r_1 - r)$. Porém, como $0 \geq |r_1 - r| < b$ segue então que $r_1 - r = 0$, ou melhor, $r_1 = r$. Daí temos também que $q_1 = q$. □

O fato mais interessante deste teorema é a possibilidade de particionar o conjunto $\mathbb{Z}$ em uma união finita de conjunto infinitos de acordo com o resto da divisão por um certo $n \in \mathbb{N}$. Por exemplo, se $n = 2$ os restos possíveis são 0 ou 1 e podemos tomar dois conjuntos A_1 e A_2 com $\mathbb{Z} = A_1 \cup A_2$ da seguinte forma:

$$A_1 = \{2k \mid k \in \mathbb{Z}\} = \{\text{Conjunto dos números pares}\}$$

$$A_2 = \{2k+1 \mid k \in \mathbb{Z}\} = \{\text{Conjunto dos números ímpares}\}$$

Mesma ideia se fosse $n = 3$, teríamos 3 conjuntos: 1) dos restos 0, 2) dos restos 1 e 3) dos restos 2.

Aqui vamos convencionar que ao falar que o resto da divisão de m por n e r, simplesmente falaremos que m é da forma

$$m = nq + r$$

Nesta ideia, quando, por exemplo, olhamos a divisão por 4, podemos dizer que os números são de uma das 4 formas:

- $4k$
- $4k+1$
- $4k+2$
- $4k+3$

Exemplo 3.3. *Seja r o resto quando* 1059, 1417 *e* 2312 *são divididos por $d > 1$. Encontre o valor de $d - r$.*

Pelo algoritmo da divisão, temos que

$$\begin{aligned} 1059 &= dq_1 + r \\ 1417 &= dq_2 + r \\ 2312 &= dq_3 + r \end{aligned}$$

Daí,

$$\begin{aligned} d(q_2 - q_1) &= 358 = 2 \cdot 179 \\ d(q_3 - q_1) &= 1253 = 7 \cdot 179 \\ d(q_3 - q_2) &= 895 = 5 \cdot 179 \end{aligned}$$

Logo, $d = 179$. Com isto, podemos voltar na informação $1059 = 179q_1 + r$ para obter que $r = 164$ e obtemos que $d - r = 15$. □

Exemplo 3.4. *Mostre que existem infinitos $n \in \mathbb{N}$ tais que $24 \mid (n^2 + 23)$.*

Usando a mesma estratégia já usada aqui, podemos escrever

$$\begin{aligned} n^2 + 23 &= (n^2 - 1) + 24 \\ &= (n + 1)(n - 1) + 24 \end{aligned}$$

Então basta tomar naturais n da forma $24k + 1$ e o resultado segue imediato. □

Exemplo 3.5. *Mostre que o quadrado de qualquer inteiro é da forma $4k$ ou $4k + 1$.*

Aqui, vamos usar a divisão por 4.

- Se $n = 4k$ então $n^2 = 4(4k^2)$.
- Se $n = 4k + 1$ então $n^2 = 4(4k^2 + 2k) + 1$.
- Se $n = 4k + 2$ então $n^2 = 4(2k + 1)^2$.
- Se $n = 4k + 3$ então $n^2 = 4(4k^2 + 6k + 2) + 1$.

Logo, temos nosso resultado. □

Exemplo 3.6. *Prove que se* $3 \mid (a^2 + b^2)$ *então* $3 \mid a$ *e* $3 \mid b$.

Aqui, deve-se notar primeiro que todo quadrado é da forma $3k$ ou $3k+1$. Daí, se $3 \mid (a^2 + b^2)$ então a^2 e b^2 são da forma $3k$ e portanto $a = 3q_1$ e $b = 3q_2$. □

Definição 3.2. *Um número* $p \in \mathbb{N}$, $p > 1$, *é dito primo se os únicos divisores forem* 1 *e* p. *Um número que não é primo é dito composto.*

Exemplo 3.7. *Mostre que se* $p > 3$ *então* $24 \mid (p^2 - 1)$.

Para mostrar tal fato, usaremos a divisão por 6. É fácil ver que se p é primo então ele deve ser da forma $6k \pm 1$. Por conta disso,

$$p^2 - 1 = 12k(3k \pm 1)$$

Desde que $k(3k \pm 1)$ é par (verifique isso!!!) temos que nosso resultado imediatamente. □

Exemplo 3.8. *Encontre todos os primos da forma* $n^3 - 1$, $n \in \mathbb{N}$.

É fácil ver que $n^3 - 1 = (n-1)(n^2 + n + 1)$. Se $p = n^3 - 1$ é primo, como $n^2 + n + 1 > 1$, temos que $n - 1 = 1$, ou seja, $n = 2$. Portanto o único primo da forma $n^3 - 1$ é 7. □

Algo interessante a se perguntar seria sobre o menor divisor de um número $n \in \mathbb{N}$. Já sabemos que o conjunto dos divisores de um natural é não vazio pois, para qualquer $n > 0$ temos que $n|n$. O teorema a seguir, cuja prova será usando o axioma da boa ordenação, garante a existência de um menor divisor, e mais, tal menor elemento é **primo**.

Teorema 3.2. *Seja* $n \in \mathbb{N}$. *Então o menor divisor* $d > 1$ *de* n *é primo.*

Demonstração. Considere $X = \{1 < x \in \mathbb{N} \mid x \mid n\}$ Como já dissemos, $X \neq \emptyset$ pois $n \in X$. Logo, existe $d \in X$ menor elemento. Não esqueça que $d \mid n$. Agora, se d não é primo, existem $1 < a \leq b \in \mathbb{N}$ tais que $d = ab$ com $b < d$. Desse ponto, podemos dizer que $a \mid d$ e daí $a \in X$. Contudo isso não pode acontecer pois d é o menor elemento de X. Concluímos então que d é primo. □

O conceito de número primo remonta ao ano 300 a.C., com algumas de suas propriedades já sendo conhecidas na época. Uma das primeiras e mais notáveis conclusões, em minha opinião, diz respeito à sua infinitude. Euclides de Alexandria, em sua obra clássica "Elementos", demonstrou a existência infinita desses números primos. Neste contexto, apresentamos a seguir a enunciação e a prova, de maneira análoga àquela realizada por Euclides.

A noção de números primos, que são aqueles que possuem somente dois divisores positivos distintos (1 e o próprio número), teve sua origem no antigo mundo grego e se mostrou de extrema importância tanto na teoria dos números quanto em diversas aplicações práticas ao longo da história da matemática.

A contribuição de Euclides na confirmação da infinitude dos números primos é uma das conquistas mais icônicas e duradouras da matemática. Seu método elegante e sólido estabelece que, dado um conjunto finito de números primos, é sempre possível formar um novo número primo que não está contido nesse conjunto. Essa demonstração por contradição, conhecida como "prova por infinitude", é um marco na história da matemática e exemplifica a beleza e a profundidade que podem ser encontradas em resultados aparentemente simples.

Teorema 3.3. *Existem infinitos números primos.*

Demonstração. Considere o conjunto X formado por todos os números primos. Por um instante, suponhamos que X seja finito. Nesse cenário, seria possível listar os elementos desse conjunto da seguinte maneira:

$$X = \{p_1, p_2, \ldots p_n\}$$

Tomemos o número $n = p_1 p_2 \cdots p_n + 1 \in \mathbb{N}$. Pelo teorema anterior, existe um divisor primo para n. Como listamos todos, existe algum p_l tal que

$$p_l \mid n$$

Por outro lado, como $p_l \mid \prod_{i=1}^{n} p_i$, teremos que $p_l \mid 1$, o que é impossível acontecer. Logo, encontramos um número primo que não está na lista inicial. Concluímos que não pode existir um número finito de números primos. □

Exemplo 3.9. *Mostre que se p é primo e $p \mid (ab)$ então $p \mid a$ ou $p \mid b$.*

Suponha que $p \mid (ab)$ e $p \nmid a$. Então existem $k, q, r \in \mathbb{Z}$ tais que

$$\begin{aligned} ab &= kp \\ a &= pq + r \end{aligned}$$

com $0 < r < p$. Diante disto, temos que $p \mid (bpq + br)$. Como, claramente, $p \mid (bpq)$, segue que $p \mid (br)$. Se $p \mid r$ então $r \geq p$, o que não pode ocorrer. Logo $p \mid b$. □

3.2 Critérios de divisibilidade

Na prática do dia a dia, é sempre útil ter certos atalhos para não precisar usar o algoritmo da divisão para saber se o dado número é divisível por outro. Nesta seção abordaremos alguns critérios de divisibilidade. Será útil usarmos a representação na base 10 que vimos em (1.4):

$$n = a_n 10^n + a_{n-1} 10^{n-1} + \cdots + a_1 10 + a_0 \tag{3.3}$$

Proposição 3.2. *Seja $1 < n \in \mathbb{N}$ com a expressão acima.*

1. $2 \mid n$ *se, e somente se,* $2 \mid a_0$.
2. $3 \mid n$ *se, e somente se,* $3 \mid |(a_0 + a_1 + \cdots + a_n)$.
3. $4 \mid n$ *se, e somente se,* $4 \mid (10a_1 + a_0)$
4. $5 \mid n$ *se, e somente se,* $a_0 = 0$ *ou* $a_0 = 5$.
5. $6 \mid n$ *se, e somente se,* $2 \mid n$ *e* $3 \mid n$
6. *Considere* $n \geq 100$. *Então* $8 \mid n$ *se, e somente se,* $8(| 100a_2 + 10a_1 + a_0)$
7. $9 \mid n$ *se, e somente se,* $9 \mid |(a_0 + a_1 + \cdots + a_n)$.
8. *Considere* $n \geq 10$. *Então* $10 \mid n$ *se, e somente se,* $a_0 = 0$.
9. *Considere* $n \geq 11$. *Então* $11 \mid n$ *se, e somente se,* $11 \mid (a_0 - a_1 + a_2 - a_3 + \cdots + a_n(-1)^n)$.

Demonstração.

1. Como $2 \mid 10^m$, $\forall m \in \mathbb{N}$, temos que $2 \mid n \Leftrightarrow 2 \mid (n - a_n 10^n + a_{n-1} 10^{n-1} + \cdots + a_1 10) = a_0$.

2. Desde que $3 \mid (10^m - 1)$, $\forall m \in \mathbb{N}$, temos que 10^m é da forma $3q + 1$. Daí,

$$\begin{aligned} n &= a_n 10^n + a_{n-1} 10^{n-1} + \cdots + a_1 10 + a_0 \\ &= 3(a_n q_n + a_{n-1} q_{n-1} + \cdots + a_1 q_1) + (a_n + a_{n-1} + \cdots + a_1 + a_0) \end{aligned}$$

segue então

$$3 \mid n \Leftrightarrow 3 \mid (a_n + a_{n-1} + \cdots + a_1 + a_0)$$

3. É fácil ver que $4 \mid 10^m$, $\forall 1 < m \in \mathbb{N}$. Logo,

$$4 \mid n \Leftrightarrow 4 \mid (10a_1 + a_0)$$

4. Análogo ao critério anterior, basta notar que $5 \mid 10^m$, $\forall m \in \mathbb{N}$.

5. Como $6 = 2 \cdot 3$, então se $6 \mid n$ então $n = 2 \cdot 3k$, para algum $k \in \mathbb{Z}$. Logo, podemos dizer que $2 \mid n$ e $3 \mid n$.

   Reciprocamente, se $2 \mid n$ e $3 \mid n$ então existem $k_1, k_2 \in \mathbb{Z}$ tais que

$$n = 2k_1$$

   e

$$n = 3k_2$$

   Como $3 \nmid 2$ então $3 \mid k_1$ e portanto, para algum $k_3 \in \mathbb{Z}$, temos

$$n = 2 \cdot 3k_3 = 6k_3$$

6. Como $8 \mid 10^m$, $\forall 2 < m \in \mathbb{N}$. Logo,

$$8 \mid n \Leftrightarrow 8 \mid (100a_2 + 10a_1 + a_0)$$

7. Mesma ideia que foi feita na divisão por 3.

8. Desde que $10 \mid 10^m$, $\forall m \in \mathbb{N}$, temos que

$$10 \mid n \Leftrightarrow 10 \mid a_0$$

Como $a_0 \in \{0, 1, \ldots, 9\}$, temos que $10 \mid a_0 \Leftrightarrow a_0 = 0$.

9. Deixamos o leitor verificar* que 10^k pode ser escrito da forma $11q + (-1)^k$. Daí,

$$\begin{aligned} n &= a_n 10^n + a_{n-1}10^{n-1} + \cdots + a_1 10 + a_0 \\ &= 11(a_n q_n + a_{n-1} q_{n-1} + \cdots + a_1 q_1) \\ &\quad +(a_0 - a_1 + a_2 - a_3 + \cdots + a_n(-1)^n) \end{aligned}$$

Logo,

$$11 \mid n \Leftrightarrow 11 \mid (a_0 - a_1 + a_2 - a_3 + \cdots + a_n(-1)^n).$$

□

3.3 Decomposição em primos

Considere o número 1332. Pelas regras de divisibilidade, sabemos que é divisível por 2., ou seja, $1332 = 2 \cdot 666$. Ainda é possível, dado que 666 é divisível por 6, escrever $1332 = 2 \cdot 2 \cdot 3 \cdot 111$. Continuando o processo, sabendo que $3 \mid 111$, temos finalmente que

$$\boxed{1332 = 2^2 \cdot 3^3 \cdot 37.}$$

Porém já sabíamos que isso é possível pois, no exemplo 2.4 foi provado. A seguir, daremos outra prova do mesmo fato.

* $10^1 = 11 - 1$, $100 = 11 \cdot 9 + 1$, $1000 = 11 * 91 - 1$

Lema 3.1. *Todo número natural pode ser escrito com um produto finito de números primos.*

Demonstração. Seja $n\ in\mathbb{N}$. Se n for primo, nada a fazer. Agora, assuma que n é composto e seja q_1 seu menor divisor. Pelo teorema 3.2, sabemos que q_1 é número primo. Segue que podemos escrever, para algum $n_1 \in \mathbb{N}$ com $1 < n_1 < n$,

$$n = q_1 \cdot n_1$$

Novamente, se n_1 for primo então terminamos a prova. Do contrário, seja q_2 o menor primo que divide n_1. Daí, temos que, para algum $n_2 \in \mathbb{N}$ com $1 < n_2 < n_1$

$$n = q_1 \cdot q_2 \cdot n_2$$

Continuando o argumento, teremos ao final de n etapas uma cadeia $n > n_1 > n_2 > \cdots > 1$ e

$$n = q_1 \cdot q_2 \cdots q_s.$$

□

Assim como fizemos no exemplo ilustrativo no início desta seção, podemos rearrumar esses primos que obtemos e escrever

$$\boxed{n = p_1^{a_1} \cdot p_2^{a_2} \cdots p_s^{a_s},} \tag{3.4}$$

com $a_i > 0$, $\forall i = 1, 2 \cdots s$, e $p_1 < p_2 < \cdots p_s$.

A escrita (3.4) é chamada de decomposição prima do número n. Por exemplo, a decomposição prima de 1332 é $2^2 \cdot 3^3 \cdot 37$.

3.4 Teorema Fundamental da Aritmética

O teorema dito fundamental estabelece que tal decomposição é única, exceto apenas da ordem dos fatores. Este resultado já era usado por Euler, Lagrange e Legendre sem uma prova do mesmo. A primeira prova precisa disso foi dada por Gauss (1777 – 1855).

Teorema 3.4 (Teorema Fundamental da Aritmética). *A decomposição* (3.4) *é única, exceto pela ordem dos fatores.*

Demonstração. Suponha que $n \in \mathbb{N}$ possa ser escrito conforme a equação (3.4), ou seja,

$$\begin{aligned} n &= p_1^{a_1} \cdot p_2^{a_2} \cdots p_s^{a_s} \\ &= q_1^{b_1} \cdot q_2^{b_2} \cdots q_s^{b_m} \end{aligned}$$

Vamos mostrar que $p_i = q_i$ e $a_i = b_i$. Primeiro, considerando as duas formas acima, podemos dizer que $p_i \mid q_j$, para algum j, e $q_j \mid p_k$ para algum k. Como p_i e q_j são primos, temos que $p_i = q_i$ e portanto $s = m$.

Agora, suponhamos que $a_1 < b_1$. Então

$$p_2^{a_2} \cdots p_s^{a_s} = q_1^{b_1 - a_1} \cdot q_2^{b_2} \cdots q_s^{b_m}$$

Logo $p_1 \mid p_2^{a_2} \cdots p_s^{a_s}$, o que não pode acontecer pois, p_1 não está nesse produto. Portanto, não se pode ter $a_1 < b_1$. Análogo argumento para $a_1 > b_1$. Assim, $a_1 = b_1$. Similarmente, mostramos que $a_i = b_i$ para $i \in \{1, 2, \cdots m\}$. □

Exemplo 3.10. *Encontre todos os números que são formados por 4 algarismos da forma $aabb$ e sejam quadrados perfeitos.*

O número $aabb$ ser quadrado perfeito é o mesmo que :

$$\begin{aligned} n^2 &= aabb \\ &= 1000a+100a+10b+b \\ &= 1100a+11b \\ &= 11(100a+b) \\ &= 11(99a+a+b) \end{aligned}$$

Observe que $11 \mid (n \cdot n)$ e como 11 é primo temos que $11 \mid n$ e portanto $11^2 \mid n^2$. Pelo TFA, temos que $11 \mid (99a+a+b)$. Desde que $11 \mid 99a$ segue que $11 \mid (a+b)$.

Devemos lembrar que $a, b \in \{0,1,2,\ldots,9\}$. Porém, como queremos um número de 4 algarismos, $a \neq 0$. Além disso, $a+b \geq 18$ e como $11 \mid (a+b)$, temos que $a+b=11$. Também não podemos ter $a=1$ ou $b=1$. Por outro lado, n^2 tem como restos possíveis $\{0,1,4,5,6,9\}$, temos que

$$b \in \{4,5,6,9\}$$

- $b=4$ e $a=7 \mapsto 7744 = 88^2$ é quadrado perfeito.
- $b=5$ e $a=6 \mapsto 6655$ não é quadrado perfeito.
- $b=6$ e $a=5 \mapsto 5566$ não é quadrado perfeito.
- $b=9$ e $a=2 \mapsto 2299$ não é quadrado perfeito.

Exemplo 3.11. *Encontre todos os primos p tais que $n^4 = 3p+1$, com $n \in \mathbb{N}$.*

Basta observar que $3p = (n^2 - 1)(n^2 + 1)$. Pelo TFA, temos que

Caso 1	Caso 2
$n^2 - 1 = 3$	$n^2 - 1 = p$
$n^2 + 1 = p$	$n^2 + 1 = 3$

O caso 2 não é possível e portanto $n = 2$ e $p = 5$. □

Exemplo 3.12. *Mostre que não existe um primo cujo dobro seja igual a um quadrado perfeito menos 1.*

Temos que mostrar que não existe primo p tal que $2p = n^2 - 1$. Do contrário,

$$2p = n^2 - 1 = (n+1)(n-1)$$

Daí,

Caso 1	Caso 2
$n - 1 = 2$	$n - 1 = p$
$n + 1 = p$	$n + 1 = 2$

É fácil ver ambos os casos não podem ocorrer. □

Exemplo 3.13. *O triplo de um número primo p é igual ao quadrado de um inteiro n menos* 16. *Que primo é este?*

Deixamos o leitor conferir que $p = 11$ é a resposta.

Exemplo 3.14. *Prove que existe apenas um $n \in \mathbb{N}$ tal que $2^8 + 2^{11} + 2^n$ é um quadrado perfeito.*

Seja $n \in \mathbb{N}$ tal que $2^8 + 2^{11} + 2^n = k^2$. Daí, $48^2 + 2^n = k^2$ e portanto $k^2 - 48^2 = 2^n$. Logo

$$2^n = (k+48)(k-48)$$

Pelo TFA,

$$\begin{aligned} k+48 &= 2^s \\ k-48 &= 2^t \end{aligned}$$

com $s+t=n$. Segue então que $2^s - 2^t = 96 = 3 \cdot 2^5$ ou $2^t(2^{s-t}-1) = 3 \cdot 2^5$. Por fim. $t=5$ e $s-t=2$. Chegamos em $n=s+t=12$. □

3.5 MDC e MMC

O estudo do Máximo Divisor Comum (MDC) e do Mínimo Múltiplo Comum (MMC) remonta a civilizações antigas, onde a matemática começou a se desenvolver como uma disciplina formal. Desde os primórdios da história da matemática, os matemáticos têm explorado propriedades e técnicas relacionadas ao MDC e ao MMC para resolver problemas de divisibilidade e aritmética.

Na Grécia Antiga, o famoso matemático Euclides, em seu livro "Os Elementos", estabeleceu a definição do Máximo Divisor Comum. Essa obra, escrita por volta de 300 a.C., foi um marco na história da matemática e teve um impacto duradouro no desenvolvimento do campo. Euclides definiu o MDC como o maior número que divide dois ou mais números inteiros sem deixar resto. Essa definição tornou-se fundamental para o estudo da teoria dos números e continua sendo a base do conceito de MDC até os dias de hoje.

Já o Mínimo Múltiplo Comum (MMC) teve sua origem na necessidade de encontrar o menor número comummente divisível por dois ou mais números inteiros. Embora não seja possível atribuir um único matemático como o responsável pela definição do MMC, o conceito de encontrar o menor múltiplo comum remonta a antigas civilizações, como a Babilônia e o Egito. Essas civilizações desenvolveram técnicas para calcular o MMC com base em problemas práticos, como a medição do tempo e o uso de frações.

Ao longo dos séculos, estudiosos e matemáticos de diferentes culturas contribuíram para o desenvolvimento e refinamento dos conceitos de MDC e MMC. Na Índia, por exemplo, o matemático Bhaskara II, no século XII, trouxe avanços significativos no estudo desses conceitos, introduzindo métodos eficientes de cálculo do MDC e do MMC.

No Renascimento, o matemático italiano Leonardo Fibonacci, conhecido por popularizar a sequência de Fibonacci, também fez contribuições para o estudo do MDC e do MMC. Fibonacci explorou a relação entre esses conceitos e as propriedades das frações, abrindo caminho para novas aplicações e investigações matemáticas.

Com o tempo, os conceitos de MDC e MMC foram incorporados em várias áreas da matemática, como álgebra, teoria dos números, geometria e análise. Eles desempenham um papel fundamental na resolução de problemas matemáticos e têm aplicações práticas em campos como engenharia, ciência da computação, criptografia e economia.

Definição 3.3 (MDC). *Dados dois inteiros a e b, não simultaneamente nulos, dizemos que um inteiro d é o máximo divisor comum de a e b, que escrevemos $d = mdc(a, b)$, se:*

1. $d \mid a$ e $d \mid b$

2. *Se* $c \mid a$ *e* $c \mid b$ *então* $c \leq d$ *(ou* $c \mid d$*.)*

Quando $mdc(a,b) = 1$, dizemos que a e b são **coprimos** ou relativamente primos ou primos entre si. Por exemplo, $mdc(4,15) = 1$.

Uma maneira útil de encontrar (a,b) é usando o teorema fundamental da aritmética.

Teorema 3.5. *Se*

$$\begin{aligned} a &= p_1^{a_1} \cdot p_2^{a_2} \cdots p_k^{a_k} q_1^{b_1} \cdot q_2^{b_2} \cdots q_s^{b_s} \\ b &= p_1^{c_1} \cdot p_2^{c_2} \cdots p_k^{c_k} r_1^{d_1} \cdot r_2^{d_2} \cdots r_l^{d_l} \end{aligned}$$

com $p_1, p_2 \ldots, p_k, q_1, q_2 \ldots q_s, r_1, r_2 \ldots r_l$ *são primos distintos e os expoentes são naturais. Então*

$$mdc(a,b) = p_1^{\gamma_1} \cdot p_2^{\gamma_2} \cdots p_k^{\gamma_k} \tag{3.5}$$

onde $\gamma_i = min(a_i, c_i)$*, para* $i = 1, 2, \ldots, k$*.*

Demonstração. Vamos mostrar que o natural

$$d = p_1^{\gamma_1} \cdot p_2^{\gamma_2} \cdots p_k^{\gamma_k}$$

com $\gamma_i = min(a_i, c_i)$, para $i = 1, 2, \ldots, k$, atende as condições da definição (3.3). De fato, como $\gamma_i \leq a_i$ e $\gamma_i \leq c_i$, temos

$$\begin{aligned} a_i - \gamma_i &\geq 0 \\ c_i - \gamma_i &\geq 0 \end{aligned}$$

e daí, os valores a seguir são números naturais ,

$$\begin{aligned} \lambda_1 &= p_1^{a_i-\gamma_1} \cdot p_2^{a_2-\gamma_2} \cdots p_k^{a_k-\gamma_k} \\ \lambda_2 &= p_1^{c_i-\gamma_1} \cdot p_2^{c_2-\gamma_2} \cdots p_k^{c_k-\gamma_k} \end{aligned}$$

Além disso, temos que

$$\begin{aligned} a &= (q_1^{b_1} \cdot q_2^{b_2} \cdots q_s^{b_s} \cdot \lambda_1) \cdot d \\ b &= (r_1^{d_1} \cdot r_2^{d_2} \cdots r_l^{d_l} \cdot \lambda_2) \cdot d \end{aligned}$$

e, portanto, obtemos que $d \mid a$ e $d \mid b$.

Agora, seja $c \in \mathbb{N}$ tal que $c \mid a$ e $c \mid b$. Devemos mostrar que $c \leq d$. Ora, pelo teorema (3.4), temos que tal divisor deve ser da forma

$$c = p_1^{\varepsilon_1} \cdot p_2^{\varepsilon_2} \cdots p_k^{\varepsilon_k}$$

com $0 \leq \varepsilon_i \leq \min(a_i, c_i)$, $\forall i = 1, 2, \ldots k$. Portanto $c \leq d$. □

Exemplo 3.15. *Determine* $mdc(1508, 422)$.

Como $1508 = 2^2 \cdot 13 \cdot 29$ e $442 = 2 \cdot 13 \cdot 17$, temos que $mdc(1508, 422) = 2^1 \cdot 13^1$. □

Exemplo 3.16. *Determine* $mdc(221, 91)$.

Como $221 = 13 \cdot 17$ e $91 = 7 \cdot 13$, temos que $mdc(221, 91) = 13$. Podemos ainda observar que

$$221 = 2 \cdot 91 + 39$$

e que

$$mdc(221, 91) = mdc(91, 39) = 13.$$

□

O que vimos no exemplo anterior não é um caso particular. Além do método que o teorema acima mostra, existe um outro via algoritmo da divisão que pode ser útil em situações que temos número grande cuja decomposição pode ser complicada.

Lema 3.2. *Se $a = bq + r$ onde $0 \leq r < b$ então $mdc(a,b) = mdc(b,r)$.*

Demonstração. Denote por $d = mdc(a,b)$. Queremos mostrar que $d = mdc(b,r)$. De fato,

- Como $d \mid a$ e $d \mid b$ temos que $d\ midr$ pois $r = a - bq$. Logo $d \mid b$ e $d \mid r$.

- Seja c tal que $c \mid b$ e $c \mid r$. Daí, $c \mid a$ pois $a = bq + r$. Como $c \mid a$ e $c \mid b$ temos que $c \leq d$.

□

Teorema 3.6. *Sejam a e b naturais não nulos, com $a \geq b$. Dividindo sucessivamente, obtemos:*

$$\begin{aligned}
a = bq_1 + r_1, 0 < r_1 < b &\Rightarrow mdc(a,b) = mdc(b,r_1) \\
b_1 = r_1 q_2 + r_2, 0 < r_2 < r_1 &\Rightarrow mdc(b,r_1) = mdc(r_1,r_2) \\
r_1 = r_2 q_3 + r_3, 0 < r_3 < r_2 &\Rightarrow mdc(r_1,r_2) = mdc(r_2,r_3) \\
&\vdots \\
r_{n-2} = r_{n-1} q_n + r_n, 0 \leq r_n < r_{n-1} &\Rightarrow mdc(r_{n-2},r_{n-1}) \\
&= mdc(r_{n-1},r_n) \\
r_{n-1} = r_n q_{n+1} &\Rightarrow mdc(r_{n-1},r_n) = r_n
\end{aligned}$$

Portanto $mdc(a,b) = r_n$, ou seja, é o último resto não nulo após as divisões sucessivas. Claro que se $r_1 = 0$ então $mdc(a,b) = b$.

Demonstração. Primeiro, observe que se $a = bq$ então $mdc(a,b) = b > 0$ e não tem mais nada à prova. No caso geral, a prova pode ser feita usando o princípio de indução sobre a quantidade de passos na divisão sucessiva com o lema acima. Deixaremos a cargo do leitor finalizar a prova. □

Exemplo 3.17. *Usando o método acima, determine que* $mdc(1508,422)$ *é* 26.

3.6 Teorema de Bachet-Bezout

O Teorema de Bachet-Bézout, também conhecido como Identidade de Bézout, é um resultado fundamental na teoria dos números. Esse teorema estabelece que, para quaisquer dois números inteiros não nulos, o seu máximo divisor comum (MDC) pode ser expresso como uma combinação linear desses números. Em outras palavras, se a e b são inteiros diferentes de zero, então existem inteiros x e y tais que MDC(a, b) = ax + by. Essa identidade demonstra que o MDC de dois números pode ser representado como uma combinação linear dos próprios números, onde os coeficientes x e y são determinados pelo algoritmo de Euclides estendido. O Teorema de Bachet-Bézout possui aplicações relevantes em diversas áreas da matemática, como criptografía, teoria dos números e álgebra. Ele desempenha um papel essencial no estudo das propriedades dos números inteiros e na resolução de equações diofantinas, que são equações com coeficientes inteiros em que buscamos encontrar soluções inteiras.

No exemplo (3.16), vimos que $13 = mdc(221,91)$ e além disso atende a relação

$$13 = (-2)221 \cdot 1 + (5) \cdot 91$$

Claro que podemos nos perguntar se isso é sempre possível, ou seja, se $d = mdc(a,b)$ então existem inteiros x_0, y_0 tais que

$$d = ax_0 + by_0\,?$$

Para nossa alegria, este fato foi provado por um francês chamado Étienne Bézout (1730–1783) que se baseou no trabalho de outro francês, Claude Gaspard Bachet de Méziriac (1581–1638).

Teorema 3.7 (Teorema de Bachet-Bezout). *Se $d = mdc(a,b)$ então existem $x_0, y_0 \in \mathbb{Z}$ tais que*

$$d = ax_0 + by_0 \tag{3.6}$$

Demonstração. Considere o conjunto

$$X = \{ax + by \mid ax + by > 0,\ x, y \in \mathbb{Z}\}$$

É (muito) fácil ver que $X \neq \emptyset$. Pelo axioma da boa ordenação, existem $\lambda = ax_0 + by_0 \in X$ menor elemento. Agora, basta mostrar que $\lambda = d$. Para mostrar que $\lambda \mid a$, vamos supor que não, ou seja, existem $q, r \in \mathbb{Z}$ tal que

$$a = \lambda q + r$$

com $0 < r < \lambda$. Disto, temos que

$$\begin{aligned} r &= a - \lambda q \\ &= a - ax_0 - by_0 \\ &= a(1 - x_0) + b(-y_0) \end{aligned}$$

o que nos leva a conclusão que $r \in X$, porém isto é um absurdo com o fato de $r < \lambda$ e λ é o menor elemento de X. Logo, $\lambda \mid a$. Com o mesmo argumento mostramos que $\lambda \mid b$. Por fim, seja $c \in \mathbb{N}$ tal que $c \mid a$ e $c \mid b$. Então, existem l_1, l_2 tais que

$$a = l_1 c$$

e

$$b = l_2 c$$

Isto nos permite ter

$$\begin{aligned} ax_0 &= l_1 x_0 c \\ by_0 &= l_2 y_0 c \end{aligned}$$

e que nos conduz a

$$\begin{aligned} \lambda &= ax_0 + by_0 \\ &= l_1 x_0 c + l_2 y_0 c \\ &= (l_1 x_0 + l_2 y_0) c \\ &\Rightarrow c \mid \lambda \end{aligned}$$

Portanto, $\lambda = mdc(a, b)$. □

Com este teorema podemos provar diversas propriedades do mdc, as quais listamos algumas a seguir:

Proposição 3.3. *Sejam $a, b, c \in \mathbb{N}$.*

1. *Se $a \mid bc$ e $mdc(a, b) = 1$ então $a \mid c$.*
2. *Se $mdc(a, b) = d$ então $mdc\left(\frac{a}{d}, \frac{b}{d}\right) = 1$.*

3. *Se* $c \in \mathbb{N}$ *então* $mdc(ca, cb) = c \cdot mdc(a, b)$.

4. $mdc(a, bc) = mdc(a, mdc(a, b) \cdot c)$

5. $mdc(a^2, b^2) = mdc(a, b)^2$.

Demonstração.

1. Como $a \mid bc$ então existe $k \in \mathbb{Z}$ tal que

$$bc = ak$$

e pelo teorema de Bezout, existem x_0 e y_0 tais que

$$ax_0 + by_0 = 1.$$

Segue Daí que

$$\begin{aligned} c &= acx_0 + bcy_0 \\ &= ax_0 + aky_0 \\ &= a(x_0 + ky_0) \end{aligned}$$

Portanto $a \mid c$.

2. Se $mdc(a, b) = d$ então existem inteiros x e y tais que

$$d = ax + by$$

Daí

$$1 = \frac{a}{d} + \frac{b}{d}$$

Se $\lambda = mdc\left(\frac{a}{d}, \frac{b}{d}\right)$, então como

$$\lambda \mid (a/d)$$

e

$$\lambda \mid (b/d)$$

temos que $\lambda \mid 1$. Logo $\lambda = 1$.

3. Denote por $d_1 = mdc(ca, cb)$ e $d_2 = mdc(a, b)$. Vamos mostrar que $d_1 \mid cd_2$ e $cd_2 \mid d_1$.

    - Como $d_2 \mid a$ e $d_2 \mid b$ temos que $cd_2 \mid ca$ e $cd_2 \mid cb$ e portanto $d_1 \mid cd_2$.
    - Como $d_1 \mid ca$ e $d_1 \mid cb$ temos que $cd_2 \mid ca$ e $cd_2 \mid cb$ e portanto $d_1 \mid cd_2$.

Deixaremos as demais demonstrações a cargo do leitor. □

Exemplo 3.18. *Prove que* $2n+8$ *e* $4n+15$ *são coprimos para todo* $n \in \mathbb{N}$.

Observe que

$$\begin{aligned}
\mathbf{4n+15} &= (\mathbf{2n+8}) \cdot (1) + (\mathbf{2n+7}) \\
\mathbf{2n+8} &= (\mathbf{2n+7}) \cdot (1) + (\mathbf{1}) \\
\mathbf{2n+7} &= (\mathbf{1}) \cdot (2n+7) + (\mathbf{0})
\end{aligned}$$

Portanto, $mdc(2n+8, 4n+15) = 1$. □

Exemplo 3.19. *Mostre que se* $mdc(a, b) = 1$ *então* $mdc(2a+b, a+2b)$ *é* 1 *ou* 3

Seja $d = mdc(2a+b, a+2b)$. Como $d \mid 2a+b$ e $d \mid a+2b$ temos que

$$d \mid (2a+b) \cdot x_0 + (a+2b) \cdot y_0$$

para qualquer $x_0, y_0 \in \mathbb{Z}$. Daí, temos que

- $d \mid (2a+b) \cdot 2 + (a+2b) \cdot (-1) = 3a$

- $d \mid (2a+b)\cdot(-1)+(a+2b)\cdot(2) = 3b$

Se $d \mid a$ e $d \mid b$ então $d = 1$. Por outro lado, se $d \mid 3$ então $d = 1$ ou $d = 3$. □

Até o momento, somente falamos dos divisores comuns de dois naturais não nulos. E quanto aos múltiplos? Será que dá pra falar sobre múltiplos comuns? A resposta é sim e faremos isso a partir de agora.

Definição 3.4 (MMC). *Dados dois natural a e b, não nulos, dizemos que um natural m é o mínimo múltiplo comum de a e b, que escrevemos $m = mmc(a,b)$, se:*

1. $a \mid m$ e $b \mid m$.

2. *Se existir outro natural c tal que $a \mid c$ e $b \mid c$ então $m \mid c$.*

O próximo teorema é a versão análoga a que fizemos para calcular o mdc, cuja prova é a mesma encontrada em [3].

Teorema 3.8. *Se*

$$\begin{aligned} a &= p_1^{\alpha_1}\cdot p_2^{\alpha_2}\cdots p_k^{\alpha_k} \\ b &= p_1^{\lambda_1}\cdot p_2^{\lambda_2}\cdots p_k^{\lambda_k}, \end{aligned}$$

onde cada p_i são números primos, então

$$mmc(a,b) = p_1^{\max(\alpha_1,\lambda_1)}\cdot p_2^{\max(\alpha_2,\lambda_2)}\cdots p_k^{\max(\alpha_k,\lambda_k)} \tag{3.7}$$

Demonstração. Da definição de mínimo múltiplo comum nenhum fator primo p_i deste mínimo poderá ter um expoente que seja inferior nem a α_i e nem a λ_i. Se tomarmos, pois, o maior destes dois expoentes de p_i, teremos não apenas um múltiplo comum, mas o menor possível dentre todos eles. O que conclui a demonstração. □

Exemplo 3.20. *Calcule* $mmc(754,221)$.

Como $754 = 2 \cdot 13 \cdot 29$ e $221 = 13 \cdot 17$, temos que $mmc(754,221) = 2 \cdot 13 \cdot 17 \cdot 29$. □

Exemplo 3.21. *Determine* $mmc(525,1001,200)$.

Basta analisar as decomposições.

$$\begin{aligned} 525 &= 3^1 \cdot 5^2 \cdot 7^1 \\ 1001 &= 7^1 \cdot 11^1 \cdot 13^1 \\ 200 &= 2^3 \cdot 5^2 \end{aligned}$$

Portanto,

$$mmc(525,1001,200) = 2^3 \cdot 3^1 \cdot 5^2 \cdot 7^1 \cdot 11^1 \cdot 13^1 \square$$

Agora, iremos relacionar os dois valores cerne da discussão desta seção.

Teorema 3.9. *Dados* $a, b \in \mathbb{N}$, *temos que*

$$ab = mmc(a,b) \cdot mdc(a,b) \tag{3.8}$$

Demonstração. Seja $d = mdc(a,b)$. Como $d \mid a$ e $d \mid b$ temos que $\frac{a}{d}$ e $\frac{b}{d}$ são inteiros e por consequência

$$m := \frac{ab}{d}$$

também o é. Vamos mostrar que $m = mmc(a,b)$. De fato,

1. Observe que podemos escrever m de duas formas iguais

$$\begin{aligned} m &= \frac{a}{d}\cdot b \\ &= \frac{b}{d}\cdot a \end{aligned}$$

   Podemos concluir claramente que $a \mid m$ e $b \mid m$.

2. Seja $c \in \mathbb{N}$ tal que $a \mid c$ e $b \mid c$, ou seja,

$$c = ak_1$$

   e

$$c = b = k_2$$

   Sabemos que existem $x, y \in \mathbb{Z}$ tais que

$$d = ax + by$$

   Daí,

$$\begin{aligned} cd &= cax + cby \\ &= bk_2ax + ak_1by \\ &= ab(k_2x + k_1y) \end{aligned}$$

   que podemos escrever $c = \dfrac{ab}{d}(k_2x + k_1y) = m(k_2x + k_1y)$, ou seja, $m \mid c$.

Portanto $m = mmc(a, b)$. □

Exemplo 3.22. *Determine dois naturais a, b tais que $a + b = 120$ e $mmc(a, b) = 144$.*

Vamos listar todos os divisores de 144, os quais são

$$1, 2, 3, 4, 6, 8, 9, 12, 16, 18, 24, 36, 48, 72, 144$$

É fácil ver que $48+72=120$. Além disso, como $mdc(72,48)=24$, temos que

$$mmc(72,48) = (72 \cdot 48)/24 = 144$$

Logo, os naturais são $a=72$ e $b=48$. □

Como leitura complementar, recomendamos o livro [15].

3.7 Exercícios

1. Prove que o produto de dois naturais da forma $4k+3$ é da forma $4q+1$.

2. Prove que 3 nunca divide n^2+1, $\forall n \in \mathbb{N} \setminus \{1\}$.

3. Mostre que n^4+4 é primo somente quando $n=1$.

4. Prove que $n = 5^{45362} - 7$ não é divisível por 5.

5. Dados dois números naturais a e b com $1 \leq a < b$ existe um $r \in \mathbb{N}$ tal que
$$ra \leq b \leq (r+1)a.$$

6. O número $2^{20} - 25^4$ é primo ou composto? Justifique.

7. Prove que existem infinitos primos da forma $4k+3$.

8. Prove que todo número natural pode ser escrito com um produto finito de números primos forma $6k+5$.

9. Dados 3 naturais consecutivos, prove que um deles é múltiplo de 3.

10. (Identidade de Sophie Germain)Dados $a, b \in \mathbb{R}$, prove que

$$a^4 + 4b^4 = (a^2 + 2b^2 + 2ab)(a^2 + 2b^2 - 2ab)$$

11. O número $4^{2005} + 2005^4$ é primo ou composto? Justifique.†

12. Demonstre que, para todo número natural n,

$$M_n = n(n^2 - 1)(3n + 2)$$

é múltiplo de 24.

13. Mostre que

$$F_n = \frac{\alpha^n - \beta^n}{\alpha - \beta}$$

onde α e β são raízes da equação $x^2 = x + 1$ e (F_n) é a sequência de Fibonacci.

14. Demonstre que o quadrado de um inteiro é da forma $8n$ ou $8n + 1$ ou $8n + 4$.

15. Prove que $2^n - 1$ é múltiplo de 3, para todo número natural n par.

16. Mostre que se $x \geq -1$ é um número real e $n \geq 1$ é um inteiro então $(1 + x)^n \geq 1 + nx$.

17. Uma sequência a_n é tal que $a_1 = 1$ e, para $n > 1$,

$$a_{n+1} = \frac{\sum_{i=1}^{n} a_i}{n+1}$$

Determine a_{2017}.

† Use a identidade de Sophie Germain.

18. Determine a decomposição de 123456786.

19. Mostre que $\sqrt{2} \notin \mathbb{Q}$ usando recursos de divisibilidades.

20. Seja η um número natural. Prove que a divisão de η^2 por 6 nunca deixa resto 2.

21. O resto da divisão de um natural ϕ por 20 é 8. Qual o resto da divisão de ϕ por 5?

22. Ache o resto da divisão de 3^{100} por 10.

23. Determine se é verdadeiro (V) ou falso (F). Justifique:

    a) Se p é um primo tal que $p^3 \mid ab$ e $p^2 \mid a$ então $p \mid b$.

    b) Se um primo $p|a^2 + b^2$ e $p \mid a$ então $p \mid b$.

    c) Se um primo $p \mid a + b$ então $p \mid a$ e $p \mid b$.

    d) Se a divide um primo p então a é primo.

24. O triplo de um número primo p é igual ao quadrado de um inteiro n menos 16. Que primo é este?

25. Mostre que $n^4 + n^2 + 1$ é composto para $1 < n \in \mathbb{N}$.

26. Dado que p e $8p^2 + 1$ são primos, determine p.‡

27. Encontre o resto que deixa $2001 \cdot 2002 \cdot 2003 \cdot 2004 + 2005^2$ quando é dividido por 7;

28. Mostre que se $a \in \mathbb{Z}$ então $a^2 - 2$ não é divisível por 4.

29. Mostre que para todo $n \geq 1$, $8|(3^{2n} - 1)$.

‡ Use a divisão por 3 em p.

30. Complete a demonstração do teorema 3.6.

31. Complete a demonstração da proposição 3.3.

32. Mostre que se $n \in \mathbb{N}$ não é primo então existe um p primo que $p \mid n$ tal que $p \leq \sqrt{n}$.

33. (ENADE 2011) Considerando a, b e c pertencentes ao conjunto dos números naturais, analise as proposições abaixo.

    a) Se $a \mid (b+c)$ então $a \mid b$ ou $a \mid c$.

    b) Se $a \mid bc$ e $mdc(a,b) = 1$ então $a \mid c$.

    c) Se a não é primo e $a \mid bc$, então $a \mid b$ ou $a \mid c$.

    d) Se $a \mid b$ e $mdc(b,c) = 1$, então $mdc(a,c) = 1$.

    É correto apenas o que se afirma em

    a) I. b) II. c) I e III. d) II e IV e) III e IV

34. Mostre que $mmc(na, nb) = n \cdot mmc(a,b)$, $\forall n \in \mathbb{N}$.

35. Mostre que $mdc(a,b) = mmc(a,b)$ se, somente se, $a = b$.

36. Prove que a fração $\dfrac{21n+4}{14n+3}$ é irredutível para todo $n \in \mathbb{N}$.

37. Seja $a, b \in \mathbb{N}$ tais que $mdc(a,b) = 1$. Mostre que $mdc(a+b, a^2 - ab + b^2)$ é 1 ou 3.

38. Determine todos os possíveis para $a, b \in \mathbb{N}$ tais que $mdc(a,b) = 10$ e $mmc(a,b) = 100$.

39. Sejam $a, b \in \mathbb{N}$ tais que $mdc(a,b) = 3$ e o $mmc(a,b) = 42$. Determine os possíveis valores de a e b.

40. Escreva um programa em SciLab de modo a encontrar todos os primos até 100.

41. Prove que dois naturais consecutivos são coprimos.

42. Suponhamos que a, b, c são naturais tais que $mdc(a,b) = 1$ e $a \mid c$ e $b \mid c$. Prove que $ab \mid c$.

43. Sendo $\dfrac{1}{a} + \dfrac{1}{b}$ é natural, onde a, b são naturais, mostre que $a = b$. Além disso, conclua que $a = 1$ ou $a = 2$.

44. Determine o $mdc(3n+2, 5n+3)$, $\forall n \in \mathbb{N}$.

45. Encontre todos os $d \in \mathbb{N}$ tais que $d \mid (n^2+1)$ e $d \mid ((n+1)^2+1)$, para todo $n \in \mathbb{N}$.

46. Prove que $mdc(a+bn, b) = mdc(a,b)$ para todo $n \in \mathbb{Z}$.

47. Encontre os possíveis valores de $a \in Z$ tal que $mdc(20+a, a) = 4$.

48. Seja n um número natural tal que $mdc(n,6) = 1$. Mostre que $n^2 - 1$ é múltiplo por 12.

49. Determine o $mmc(a,b)$ de dois números positivos a e b cujo produto é $2^5 \cdot 3^3$ e sendo $mdc(a,b) = 2^2 \cdot 3$.

CAPÍTULO 4

Equações Diofantinas

A palavra 'Diofantina' se refere ao nome do antigo matemático grego Diophantus, conhecido como o Pai da Álgebra. Diophantus viveu em Alexandria por volta de 250 DC e foi um dos primeiros estudiosos a se dedicar a problemas que envolviam equações com coeficientes inteiros, posteriormente chamadas de equações diofantinas em sua homenagem.

Uma das equações mais famosas estudadas por Diophantus foi a equação exponencial na forma

$$x^n + y^n = z^n$$

Essa equação, conhecida como o **último Teorema de Fermat**, ganhou notoriedade graças ao matemático Pierre de Fermat (1606-1665), que afirmou ter uma prova para ela em suas anotações, mas sem espaço suficiente para escrever. Essa afirmação de Fermat instigou matemáticos por séculos, até que finalmente, em 1995, o matemático Andrew Wiles apresentou uma prova completa para o último Teorema de Fermat, após anos de trabalho árduo.

A prova de Wiles envolveu avanços significativos em vários campos da matemática, como a teoria dos números, a geometria algébrica e a álgebra modular. Sua conquista foi celebrada como um marco importante na história da matemática e trouxe à luz a contribuição de Diophantus e Fermat para o estudo das equações diofantinas.

Atualmente, as equações diofantinas continuam sendo objeto de estudo e pesquisa na teoria dos números e na álgebra. Elas desempenham um papel importante em criptografia, teoria dos códigos e em muitas áreas da matemática aplicada. A dedicação de Diophantus e o trabalho posterior de matemáticos como Fermat e Wiles deixaram um legado duradouro e inspiraram gerações futuras a explorar as complexidades das equações diofantinas e seus fascinantes desdobramentos matemáticos."

Neste capítulo, focaremos nosso estudo nas **equações diofantinas lineares**, a saber, equações do tipo

$$ax + by = c \tag{4.1}$$

4.1 Lineares

No capítulo anterior, estudamos o teorema de Bezout que nos dá um caminho para encontrar soluções para esta equação, ou seja,

Teorema 4.1 (Teorema de Bachet-Bezout). *Se* $c \mid a$ *e* $c \mid b$) *então a equação* (4.1) *tem solução.*

O que queremos, porém, é saber se podemos determinar uma forma de saber todas as soluções destas equações.

Já vimos que $13 = mdc(221, 91)$. Facilmente podemos escrever

$$13 = (-2) \cdot 221 + (5) \cdot 91$$

Antes de mais nada, não esqueça, as soluções que queremos são inteiras.

Exemplo 4.1. *Encontre inteiros $x, y \in \mathbb{Z}$ tais que*

$$23x + 29y = 1.$$

Para isso, usaremos o método de divisões sucessivas, ou seja, tentaremos encontrar o $mdc(23, 29)$ por tal método. De fato,

$$\begin{aligned} 29 &= 23 \cdot 1 + 6 \\ 23 &= 6 \cdot 3 + 5 \\ 6 &= 5 \cdot 1 + \mathbf{1} \end{aligned}$$

Agora, reescrevendo as equações acima do final para o começo, obtemos

$$\begin{aligned} 1 &= 6 - 5 \cdot 1 \\ 5 &= 23 - 6 \cdot 3 \\ 6 &= 29 - 23 \cdot 1 \end{aligned}$$

Portanto,

$$\begin{aligned} 1 &= 6 - 5 \cdot 1 \\ &= 6 - (23 - 6 \cdot 3) \cdot 1 \\ &= 4 \cdot 6 - 23 \cdot 1 \\ &= 4 \cdot (29 - 23 \cdot 1) - 23 \cdot 1 \\ &= \mathbf{4} \cdot 29 - \mathbf{5} \cdot 23 \end{aligned}$$

e uma solução é $x = -5$ e $y = 4$. □

Exemplo 4.2. *Encontre infinitas soluções inteiras para*

$$23x + 29y = 1.$$

Pelo exemplo anterior, já temos que $x_0 = -5$ e $y_0 = 4$ é uma solução. Tome então a seguinte família de soluções dadas por

$$\begin{aligned} x &= -5 + 29t \\ y &= 4 + 23t \end{aligned}$$

É fácil ver que tais $x, y \in \mathbb{Z}$ são soluções da equação em questão pois

$$23(-5 + 29t) + 29(4 + 23t) = 23(-5) + 29(4) = 1.\square$$

O que vamos provar é que na verdade, esta é a forma de achar todas as soluções das diofantinas lineares.

Teorema 4.2. *Sejam $a, b, c \in N$ e $d = mdc(a, b)$. Suponha que $d \mid c$. Então dada qualquer solução (x_0, y_0) de*

$$ax + by = c \tag{4.2}$$

qualquer outra solução desta equação será dada da forma

$$\begin{aligned} x = x_0 + t\frac{b}{d} \\ y = y_0 - t\frac{a}{d} \end{aligned}$$

com $t \in \mathbb{Z}$.

Demonstração. Claro que se (x_0, y_0) é solução então $x = x_0 + t\frac{b}{d}$ e $y = y_0 - t\frac{a}{d}$ são soluções ainda.

O que nos falta provar é que qualquer outra solução é dessa forma. Seja (x', y') outra solução da diofantina. Segue então que

$$a(x' - x_0) = b(y' - y_0).$$

Dividindo esta equação por d, temos que

$$\frac{a}{d}(x' - x_0) = -\frac{b}{d}(y' - y_0). \tag{4.3}$$

Podemos dizer que $\frac{a}{d} \Big| \frac{b}{d}(y' - y_0)$. Como $mdc\left(\frac{a}{d}, \frac{b}{d}\right) = 1$ então $\frac{a}{d} \mid (y' - y_0)$. Logo existe $t \in \mathbb{Z}$ tal que

$$y' - y_0 = t\frac{a}{d}$$

ou seja,

$$y' = y_0 + t\frac{a}{d}$$

Voltando em (4.3), temos que

$$\frac{a}{d}(x' - x_0) = -\frac{b}{d} \cdot t \cdot \frac{a}{d}.$$

ou seja,

$$x' = x_0 - t\frac{a}{d}$$

□

4.2 Exercícios

1. Determine as soluções, caso existam, das equações diofantinas abaixo.

a) $24x + 25y = 18$

b) $3456x + 246y = 44$

c) $1998x + 2000y = 33$

d) $59x + 27y = 20$

e) $7854x + 3315y = 41$

2. Minha mãe pagou $R\$2,78$ por algumas bananas e ovos. Se cada banana custa $R\$0,69$ cada ovo custa $R\$0,35$, quantos ovos e quantas bananas ela pagou?

3. a) Para quais valores de $\lambda \in \mathbb{Z}$ faz a equação $\lambda x + 3y = 5$ ter soluções inteiras?

   b) Determine a solução geral para $\lambda = 4$.

CAPÍTULO 5

Congruências

Uma porção substancial das ideias que iremos explorar encontra suas origens profundas na genialidade de Gauss, cujo trabalho magistral, intitulado *Disquisitiones Arithmeticae*, lançou suas raízes em 1801. No âmago dessa exploração encontra-se um dos princípios fundamentais do estudo: o algoritmo da divisão de Euclides. Através da meticulosa análise e abstração promovida por Gauss, emerge um entendimento refinado das propriedades dos números inteiros e sua interconexão, destacando a beleza intrínseca da aritmética. Essas obras visionárias, que permanecem como pilares da matemática, lançaram as bases para uma compreensão mais profunda dos números e abriram portas para a resolução de problemas que antes pareciam intransponíveis. Assim, ao explorar as páginas deste livro, estaremos seguindo os passos de gigantes matemáticos como Gauss e Euclides, explorando as nuances da teoria dos números e desvendando a elegância subjacente à estrutura aritmética.

Primeiro, precisamos dar uma definição para o termo que leva o nome do capítulo.

Definição 5.1. *Dados $a, b \in Z$, dizemos que a é congruente a b módulo $n \in \mathbb{N}$ se $n \mid (a - b)$. Quando isto ocorrer, denotaremos por $a \equiv_n b$. Sempre que a não for congruente a b módulo n, escreveremos simplesmente $a \not\equiv_n b$.*

Exemplo 5.1. *Fácilmente, vemos que $11 \equiv_2 3$ ou que $17 \not\equiv_5 11$.*

Com esta definição, segue evidentemente que

$$a \equiv_n b \quad \Leftrightarrow a = b + nt, \text{ para algum } t \in \mathbb{Z}$$

A ideia de congruência na verdade é uma relação de equivalência, a qual verificamos a seguir:

Proposição 5.1. *Se $a, b, m, d \in \mathbb{Z}$, com $m > 0$, as seguintes afirmações são verdadeiras:*

1. *Reflexiva: $a \equiv_m a$.*

2. *Transitiva: Se $a \equiv_m b$ e $b \equiv_m d$ então $a \equiv_m d$.*

3. *Simétrica: Se $a \equiv_m b$ então $b \equiv_m a$.*

Demonstração. Deixaremos a cargo do leitor a prova. □

Mais à frente voltaremos a usar esta proposição para definir classes de equivalências. Algumas propriedades operacionais são válidas via congruência as quais sintetizamos.

Proposição 5.2. *Seja $a, b, m, d \in \mathbb{Z}, m > 0$, $k \in \mathbb{N}$ com $a \equiv_m b$ e $c \equiv_m d$. Então,*

1. $a + c \equiv_m b + d$

2. $a - c \equiv_m b - d$

3. $ac \equiv_m bd$

4. $a^k \equiv_m b^k$

Demonstração. Para os primeiros três itens, basta notar que de $a \equiv_m b$ e $c \equiv_m d$, temos que

$$\begin{aligned} a &= b + k_1 m \\ c &= d + k_2 m \end{aligned}$$

e daí segue que

$$a \pm c = b \pm d + m(k_1 \pm k_2)$$

e

$$ac = bd + mk_3$$

Para item (4), basta aplicar o princípio de indução sobre k, onde para $k = 1$ é justamente o item (3) □

A seguir, apresentamos diversos exemplos de fixação e ideia. Recomendamos após a leitura, que o leitor tente resolvê-los sem auxílio.

Exemplo 5.2. *Encontre o resto de* 6^{2017} *quando dividido por* 37.

Note que $6^2 \equiv_{37} -1$. Daí,

$$6^{2016} = (6^2)^{1008} \equiv_{37} 1$$

e portanto $6^{2017} = 6^{2016} \cdot 6 \equiv_{37} 6$. Logo, o resto pedido é 6. □

Exemplo 5.3. *Prove que 7 divide* $3^{2n+1} + 2^{n+2}$, $\forall n \in \mathbb{N}$.

Deixamos o leitor provar (por indução finita) que $9^n \equiv_7 2^n$ para todo n. Deste ponto em diante, temos que

$$\begin{aligned} 3^{2n+1} &\equiv_7 2^n \cdot 3 \\ 2^{n+2} &\equiv_7 2^n \cdot 4 \end{aligned}$$

Logo, $3^{2n+1} + 2^{n+2} \equiv_7 0$. □

Exemplo 5.4. *Encontre os quadrados perfeitos módulos* 13.

Observe que $r^2 \equiv_{13} (13-r)^2$. Isto reduz a analisar os valores de r no conjunto $\{0,1,2,\ldots,6\}$. Então

- $0^2 \equiv_{13} (13)^2 \equiv_{13} 0$
- $1^2 \equiv_{13} (12)^2 \equiv_{13} 1$
- $2^2 \equiv_{13} (11)^2 \equiv_{13} 4$
- $3^2 \equiv_{13} (10)^2 \equiv_{13} 9$
- $4^2 \equiv_{13} (9)^2 \equiv_{13} 3$
- $5^2 \equiv_{13} (8)^2 \equiv_{13} 12$
- $6^2 \equiv_{13} (7)^2 \equiv_{13} 10$

Portanto, os valores que atendem a este exercício são $\{0,1,3,4,9,10,12\}$.
□

Exemplo 5.5. *Encontre os quadrados perfeitos módulos* 5.

Deixaremos o leitor repetir um processo semelhante ao exercício anterior e concluir que a resposta é o conjunto $\{0,1,4\}$.

□

Exemplo 5.6. *Prove que não existem inteiros tais que* $x^2 - 5y^2 = 2$.

Caso haja inteiros x e y, teremos que

$$x^2 = 5y^2 + 2$$

O que diz que $x^2 \equiv_5 2$, ou seja, 2 seria um quadrado perfeito módulo 5, absurdo. Logo não existem tais inteiros. □

Exemplo 5.7. *Prove que* $7 \mid (2222^{5555} + 5555^{2222})$.

É fácil ver que $2222 \equiv_7 3$ e $5555 \equiv_7 4$. Isso nos leva a dizer que

$$\begin{aligned} 2222^{5555} &\equiv_7 3^{5555} \\ 5555^{2222} &\equiv_7 4^{2222} \end{aligned}$$

Por outro lado, $3^{5555} \equiv_7 (3^5)^{1111}$. Como $3^5 \equiv_7 5$, tem-se $3^{5555} \equiv_7 5^{1111}$. De forma semelhante, obtemos que

$$4^{2222} \equiv_7 (4^2)^{1111} \equiv_7 -5^{1111}$$

Disto, podemos dizer que

$$\begin{aligned} 2222^{5555} + 5555^{2222} &\equiv_7 3^{5555} + 4^{2222} \\ &\equiv_7 5^{1111} - 5^{1111} \\ &\equiv_7 0 \end{aligned}$$

□

5.1 Classes de equivalência

Nos primórdios do nosso ensino (e já visto nestas notas), somos ensinados que dados $n \in \mathbb{Z}$, este só pode ser par ou ímpar.

Bem, isto é tão simples que podemos mudar a escrita de par ou ímpar para 0 ou 1. Em outras palavras, podemos dizer que os pares são os números que quando divididos por 2 deixam resto 0 e os ímpares deixam resto 1 sob a mesma divisão. Assim, o que fizemos foi decompor todos os inteiros ($\mathbb{Z}$) em dois conjuntos que denotaremos por $\overline{0}$ e $\overline{1}$ tal que

$$\mathbb{Z} = \overline{0} \cup \overline{1}$$

sendo

$$\overline{0} := \{\text{números pares}\}$$

e

$$\overline{1} := \{\text{números ímpares}\}$$

Com isso em mente, reduzimos nossos cálculos no conjunto $\{\overline{0}, \overline{1}\}$. Em álgebra, o que acabamos de fazer foi separar os inteiros em *classes* . Mesmo sem dar uma definição para o que seja classe, no exemplo acima sabemos o que eles são.

Fixemos $m \in \mathbb{N}$. Dado $0 \leq x \in \mathbb{Z}$, chamaremos de **classe do** x ao conjunto dos números que deixam resto x na divisão por m, ou seja,

$$\overline{x} = \{x + k \cdot m;\ k \in \mathbb{Z}\} \tag{5.1}$$

Observe que se $c, d \in \overline{x}$ então existem $k_1, k_2 \in \mathbb{Z}$ tais que

$$c = x + k_1 m$$

e

$$d = x + k_2 m$$

Isto quer dizer que $c \equiv_m x$ e $x \equiv_m d$ e portanto $c \equiv_m d$. Nesse sentido, obtemos que não importa o representante da classe.

O que devemos ter em mente nessas operações (que pode ser pensado na operação na barra!!!) é: se $y = x + k_1 m$ então, módulo m, temos que $\overline{y} = \overline{x}$.

É interessante notar que módulo m, temos apenas m possibilidades de classe, as quais os seus representantes são os mesmos valores do possíveis restos na divisão por m. O conjunto com todas essas classes será denotado por* $\mathbb{Z}_m$, além disso:

$$\mathbb{Z}_m = \{\overline{0}, \overline{1}, \ldots, \overline{m-1}\} \tag{5.2}$$

Com a proposição 5.2, podemos definir duas operações em $\mathbb{Z}_m$:

- (Adição) $\overline{a} \oplus \overline{b} := \overline{a+b}$
- (Produto) $\overline{a} \otimes \overline{b} := \overline{a \cdot b}$

Exemplo 5.8. *Considerando o $\mathbb{Z}_3$ faça duas planilhas com as operações. Uma contendo todas as somas possíveis e outra com o produto.*

Sintetizamos tais operações abaixo, lembrando que $\mathbb{Z}_3 = \{\overline{0}, \overline{1}, \overline{2}\}$.

Operação de Adição

$\oplus$	$\overline{0}$	$\overline{1}$	$\overline{2}$
$\overline{0}$	$\overline{0}$	$\overline{1}$	$\overline{2}$
$\overline{1}$	$\overline{1}$	$\overline{2}$	$\overline{0}$
$\overline{2}$	$\overline{2}$	$\overline{0}$	$\overline{1}$

Operação de Produto

$\otimes$	$\overline{0}$	$\overline{1}$	$\overline{2}$
$\overline{0}$	$\overline{0}$	$\overline{0}$	$\overline{0}$
$\overline{1}$	$\overline{0}$	$\overline{1}$	$\overline{2}$
$\overline{2}$	$\overline{0}$	$\overline{2}$	$\overline{1}$

Definição 5.2. *Dado $x \in \mathbb{Z}_m$, diremos que $s \in \mathbb{Z}_m$ é seu* ***inverso aditivo*** *se*

* Este conjunto na verdade é um anel, mas não iremos falar sobre esse assunto nestas notas.

$$x \oplus s = \overline{0}$$

Denotaremos $s = \overline{-x}$.

Definição 5.3. *Dado* $\overline{0} \neq x \in \mathbb{Z}_m$*, diremos que* $p \in \mathbb{Z}_m$ *é seu **inverso multiplicativo** se*

$$x \otimes p = \overline{1}$$

Denotaremos $p = (\overline{x})^{-1}$.

Exemplo 5.9. *Determine todos os elementos de* Z_6 *que tem inverso multiplicativo.*

por escrever

Resolvemos este problema apenas listando todas as multiplicações possíveis. Mas o mesmo exercício se tornaria uma tarefa hercúlea se fosse $\mathbb{Z}_{1000}$. Nesse sentido, a próxima proposição fornece um atalho para tal cálculo.

Proposição 5.3. *Seja* $n \in \mathbb{N}$ *e* $a \in \mathbb{Z}_n$*. Então* a *é invertível se, e somente se,* $mdc(a, n) = 1$.

Demonstração. Deixamos a cargo do leitor. □

Corolário 5.1. *Em* $\mathbb{Z}_p$*, com* p *primo, todo elemento não nulo tem inverso multiplicativo.*

Exemplo 5.10. *Determine todos os elementos de* $\overline{0} \neq x, y \in Z_6$ *tais que* $x \cdot y = \overline{0}$.

Exemplo 5.11. *Encontrar* x *tal que* $\overline{3x} = \overline{4}$ *em* $\mathbb{Z}_{11}$.

5.2 Alguns teoremas importantes

Nesta seção, adentraremos em uma exploração aprofundada de três resultados fundamentais no âmbito das congruências, que desempenham um papel crucial no campo da teoria dos números. Esses resultados são:

1. **Pequeno Teorema de Fermat**: Este teorema, nomeado após o matemático Pierre de Fermat, estabelece uma conexão crucial entre congruências e a aritmética modular. Ele declara que se p é um número primo e a é um inteiro não divisível por p, então a^{p-1} é congruente a 1 módulo p. Em termos simples, essa relação expressa a ideia de que quando elevamos um inteiro não divisível por um primo p a uma potência $p-1$ e tomamos o resto da divisão por p, o resultado será 1. Esse teorema possui aplicações essenciais em criptografia, teoria dos números e informática.

2. **Teorema de Wilson**: Atribuído ao matemático inglês John Wilson, esse teorema estabelece uma condição necessária e suficiente para que um número inteiro p seja primo. Segundo o teorema, p é primo se e somente se $(p-1)!$ é congruente a -1 módulo p. Esse resultado intrincado cria um interessante vínculo entre a estrutura fatorial e as propriedades dos números primos, contribuindo para a compreensão profunda da natureza dos primos.

3. **Teorema de Euler**: Nomeado em homenagem ao matemático suíço Leonhard Euler, este teorema é um pilar na teoria dos números e na teoria dos grupos. Ele estabelece que, para

dois inteiros positivos a e n que são primos entre si (ou seja, não possuem fatores primos em comum), a expressão $a^{\phi(n)}$ é congruente a 1 módulo n, onde $\phi(n)$ denota a função totiente de Euler, que conta quantos números inteiros positivos são menores que n e primos entre si a ele. Esse teorema fornece um insight valioso sobre a relação entre potenciação, congruência e a estrutura multiplicativa dos inteiros.

A compreensão desses resultados não apenas enriquece nosso entendimento da matemática, mas também oferece ferramentas poderosas para a resolução de problemas complexos, aprimoramento de algoritmos e desenvolvimento de aplicações práticas, especialmente em campos como a segurança de dados e a criptografia.

5.2.1 Pequeno Teorema de Fermat

Este teorema é convenientemente apelidado de "pequeno", não por sua importância, mas sim para distingui-lo do famoso teorema enunciado por Fermat. A elucidação desse teorema, conquistada após anos de trabalho árduo por Andrew Wiles, em 1995, marcou um momento transcendental na história da matemática. Sua prova não apenas consolidou a conjectura como um teorema sólido, mas também abriu novas portas para a compreensão de fenômenos intrincados dentro do âmbito das congruências.

Além disso, é fundamental reconhecer que a utilidade desse teorema não se limita a um único campo específico. Ele tem sido uma ferramenta versátil, encontrando aplicações em uma miríade de problemas e desafios, que vão desde a teoria dos números até a criptografia moderna. Essa versatilidade o coloca em posição de destaque, conferindo-lhe um papel essencial na caixa de ferramentas de matemáticos e cientistas da computação.

Teorema 5.1 (Pequeno Teorema de Fermat)). *Seja $p \in \mathbb{N}$ primo e $a \in \mathbb{Z}$ tal que $p \nmid a$. Então*

$$\boxed{a^{p-1} \equiv_p 1} \tag{5.3}$$

Demonstração. De fato, sendo p primo e $p \nmid a$, temos que $mdc(p,a) = 1$. Isto nos diz que $a \in \mathbb{Z}_p$ tem inverso multiplicativo. Agora, vamos considerar o seguinte conjunto

$$X = \{\overline{a}, \overline{2a}, \overline{3a}, \cdots, \overline{(p-1)a}\}$$

Note que se $\overline{ra} = \overline{sa}$ então, como $\overline{a}$ tem inverso, temos que $\overline{r} = \overline{s}$. Disto, nós temos que cada elemento deve ser congruência a $\{\overline{1}, \overline{2}, \ldots, \overline{p-1}\}$ pois tanto o conjunto X e estes elementos são os invertíveis em $\mathbb{Z}_p$. Portanto,

$$(1 \cdot a)(2 \cdot a) \cdots (p-1) \equiv_p 1 \cdot 2 \cdot \cdots \cdot (p-1)$$

ou melhor,

$$(1 \cdot 2 \cdot \cdots \cdot (p-1)) \cdot a^{p-1} \equiv_p (1 \cdot 2 \cdot \cdots \cdot (p-1))$$

Como $mdc(p,n) = 1$ para todo $1 < n < p$ temos que $(1 \cdot 2 \cdot \cdots \cdot (p-1))$ possui inverso em $\mathbb{Z}_p$ e então

$$a^{p-1} \equiv_p 1$$

como queríamos demonstrar. □

Corolário 5.2. *Para todo primo $p \in \mathbb{N}$ e $a \in \mathbb{Z}$, temos que*

$$\boxed{a^p \equiv_p a} \tag{5.4}$$

Demonstração. Basta observar que só temos duas possibilidades que ocorrem excludentemente:

- $p \mid a$
  Neste caso, segue que $a \equiv_p 0$ e claro que $a^p \equiv_p 0 \equiv_p a$.

- $p \nmid a$
  Agora, usando o teorema anterior, sabemos que

  $$a^{p-1} \equiv_p 1$$

  Daí, podemos multiplicar por a em ambos os lados e obter que

  $$a^p \equiv_p a$$

□

Exemplo 5.12. *Seja $a_1 = 4$ e $a_n = 4^{a_{n-1}}$ para $n > 1$. Determine o resto de a_{100} quando dividido por 7.*

Neste exemplo temos o primo 7 em destaque e o inteiro 4. Usando o teorema anterior para obter que

$$4^6 \equiv_7 1$$

Agora, apareceu o inteiro 6. Será interessante se obtermos alguma relação de

$$4^n \equiv_6 X$$

onde temos que determinar esse tal X. Deixamos o leitor provar por indução matemática que

$$4^n \equiv_6 4$$

Isto nos diz que existe $z \in \mathbb{Z}$ tal que $4^n = 4 + 6z$. Juntando todas as informações, temos que

$$\begin{aligned} a_{100} &= 4^{a_{99}} \\ &= 4^{4+6z} \\ &= 4^4 \cdot (4^6)^z \\ &\equiv_7 4 \end{aligned}$$

Portanto, o resto procurado é 4.

□

Exemplo 5.13. *Encontre o resto da divisão de* 2^{100000} *por* 17.

Pelo teorema, temos que $2^{16} \equiv_{17} 1$. Como $100000 = 6250 \cdot 16$, temos que $2^{100000} = (2^{16})^{6250} \equiv_{17} 1$. Portanto, o resto procurado é 1.

□

Lema 5.1. *Se* $a^2 \equiv_p 1$ *então* $a \equiv_p 1$ *ou* $a \equiv_p -1$.

Demonstração. De fato, sendo $a^2 \equiv_p 1$ tem-se que $p \mid (a^2 - 1) = (a-1)(a+1)$. Como p é primo, temos que $p \mid (a-1)$ ou $p \mid (a+1)$. Logo, $a \equiv_p 1$ ou $a \equiv_p -1$. □

5.2.2 Teorema de Wilson

Um teorema de significância subsequente foi inicialmente conjecturado pelo matemático norte-americano Edward Waring. Sua primeira formulação surgiu no trabalho intitulado "Meditationes Algebraicae"(1770; "Reflexões sobre Álgebra"), no qual ele atribuiu a autoria desse resultado ao matemático inglês John Wilson. A validade dessa conjectura foi posteriormente estabelecida através de uma demonstração realizada por Lagrange no ano de 1771, marcando um momento fundamental na evolução matemática.

É interessante notar que esse teorema, embora inicialmente proposto por Waring, recebeu o alicerce lógico fornecido pela prova elaborada por Lagrange. Tal feito não apenas consolidou a conjectura como um teorema válido, mas também destacou a habilidade dos matemáticos da época em transformar suposições em afirmações fundamentadas.

Além disso, é notável mencionar que a recíproca deste teorema também detém veracidade. Ou seja, não apenas o enunciado principal se mantém válido, mas a afirmação contrária também é verdadeira. Esse aspecto da matemática, em que as implicações vão e vêm, demonstra a interconexão complexa entre os conceitos e a profundidade subjacente aos teoremas.

À medida que refletimos sobre o processo que culminou na confirmação do teorema inicialmente conjecturado por Edward Waring, é evidente que a colaboração e o rigor matemático desempenharam um papel crucial. A parceria entre mentes brilhantes, como as de Waring e Lagrange, ilustra a importância da comunicação entre matemáticos no avanço do conhecimento e da compreensão.

Teorema 5.2 (Teorema de Wilson). *Se p é primo então*

$$\boxed{(p-1)! \equiv_p -1} \tag{5.5}$$

Demonstração. Para $p = 2$ ou $p = 3$, o resultado é evidente. Agora, considere $p > 3$. Vamos analisar as classes $\overline{1}, \overline{2}, \ldots, \overline{p-2}, \overline{p-1}$, as quais são os elementos invertíveis de $\mathbb{Z}_p$. Observe que se $x \in \{\overline{2}, \ldots, \overline{p-2}\}$, existe $y \in \{\overline{2}, \ldots, \overline{p-2}\}$ com $y \neq x$ tal que $x \cdot y = \overline{1}$. Portanto,

$$\overline{2} \cdot \overline{3} \cdot \cdots \cdot \overline{p-2} = \overline{1}$$

Daí,

$$\overline{1} \cdot \overline{2} \cdot \overline{3} \cdot \cdots \cdot \overline{p-2} \cdot \overline{p-1} = \overline{p-1} = \overline{-1}$$

Por conseguinte, $(p-1)! \equiv_p -1$. □

Exemplo 5.14. *Determine o resto de* $6 \cdot 7 \cdot 8 \cdot 9$ *quando dividido por* 5.

É fácil ver que

$$\begin{aligned} 6 &\equiv_5 1 \\ 7 &\equiv_5 2 \\ 8 &\equiv_5 3 \\ 9 &\equiv_5 4 \end{aligned}$$

Logo, $6 \cdot 7 \cdot 8 \cdot 9 \equiv_5 4!$. Pelo teorema anterior, $4! \equiv_5 -1 \equiv_5 4$. □

Exemplo 5.15. *Determine o resto de* $8 \cdot 9 \cdot 10 \cdot 11 \cdot 12 \cdot 13$ *quando divido por* 7.

Deixamos o leitor usar as mesmas ideias do exemplo anterior neste exemplo. □

5.2.3 Teorema de Euler

A função ϕ de Euler, também conhecida como a função totiente de Euler, desempenha um papel fundamental na teoria dos números e na criptografia. Introduzida pelo matemático suíço Leonhard Euler no século XVIII, essa função aritmética tem a notável capacidade de determinar quantos números inteiros positivos menores do que um dado número são primos entre si a esse número. Em outras palavras, a função $\phi(n)$ nos dá o número de inteiros positivos que são coprimos com n, ou seja, que não compartilham nenhum divisor comum além de 1. Essa propriedade torna a função ϕ de Euler essencial em aplicações como a criptografia de chave pública, onde é usada para calcular a ordem de grupos multiplicativos módulo n.

Uma característica intrigante da função ϕ de Euler é sua relação com a aritmética modular e o teorema de Euler. Esse teorema, também conhecido como o pequeno teorema de Fermat generalizado, estabelece que se a e n são inteiros coprimos, então $a^{\phi(n)}$ é congruente a 1 módulo n. Essa relação é a base de algoritmos criptográficos como o RSA, que dependem da dificuldade de calcular inversos modulares em números compostos de grande tamanho. Dessa forma, a função ϕ de Euler não apenas enriquece a teoria dos números com sua intrincada estrutura, mas também oferece ferramentas cruciais para garantir a segurança das comunicações digitais na era moderna.

Para o próximo teorema é necessário definir o que seja a função ϕ de Euler.

Definição 5.4. *Dado $n \in \mathbb{N}$, definimos $\phi(n)$ por*

$$\phi(n) = \#\{i \in \{1, 2, \cdots, n\};\ mdc(i, n) = 1\} \tag{5.6}$$

Em outras palavras, $\phi(n)$ conta quantos naturais existem entre 1 e n que são coprimos com n.

Exemplo 5.16. *Calcule $\phi(n)$ quando:*

1. $n = 2$
   Temos apenas $\{1, 2\}$ e apenas $mdc(1, 2) = 1$. Logo $\phi(2) = 1$.

2. $n = 6$
   Temos apenas $\{1, 2, 3, 4, 5, 6\}$ e apenas $mdc(1, 6) = 1$ e $mdc(5, 6) = 1$. Logo $\phi(6) = 2$.

3. $n = p$*, com* p *primo qualquer.*
   Neste caso, sendo p primo, temos que todos os naturais $1, 2, \cdots, p-1$ são coprimos com p e portanto $\phi(p) = p - 1$.

   Em particular, o pequeno teorema de Fermat pode ser escrito via função de Euler:

$$a^{\phi(p)} \equiv_p 1$$

Esta função foi introduzida por Euler em meados dos nos 1700 mas foi estabelecida o símbolo ϕ por Silvester em 1892.

Lema 5.2. *Se p, q são primos distintos então $\phi(pq) = (p-1)(q-1)$.*

Demonstração. Desde que p e q são primos, qualquer número que não seja coprimo com pq deve necessariamente ser múltiplo de p ou q. Além disso, temos exatamente q números múltiplos de p e

q números múltiplos de q. Portanto, temos $p+q-1$ números que não são coprimos com pq. Logo,

$$\phi(pq) = pq - (p+q-1) = (p-1)(q-1).$$

□

Lema 5.3. *Se p é primo então $\phi(p^k) = p^k - p^{k-1}$, para $k \geq 1$.*

Demonstração. De fato, basta notar que em $[0, p^k)$, temos apenas $1/p$ destes números que são divisíveis por p. Logo

$$\phi(p^k) = p^k - \frac{p^k}{p} = p^k - p^{k-1}$$

□

Lema 5.4. *Se $m, n \in \mathbb{N}$ são coprimos então $\phi(mn) = \phi(m)\phi(n)$.*

Demonstração. Devemos estabelecer uma relação bijetiva entre os coprimos com mn e os simultaneamente coprimos com m e n. De fato, considere a função $\pi : \mathbb{Z}_{mn} \to Z_m \times \mathbb{Z}_n$ dada por

$$\pi(\overline{x}^{mn}) = (\overline{x}^m, \overline{x}^n)$$

onde $\overline{x}^y$ representa a congruência módulo y. Observe que

$$\begin{aligned} mdc(x, mn) = 1 &\Leftrightarrow xk_1 + mnk_1 = 1 \\ &\Leftrightarrow \overline{xk_1}^m = \overline{1} \text{ e } \overline{xk_1}^1 = \overline{1} \\ &\Leftrightarrow mdc(x, m) = 1 \text{ e } mdc(x, n) = 1 \end{aligned}$$

Ou seja, x é coprimo com mn se, e somente se, é coprimo com m e n. Portanto, $\phi(m \cdot n) = \phi(m) \cdot \phi(n)$.

□

Lema 5.5. *Se* $n = p_1^{a_1} p_2^{a_2} \cdots p_r^{a_r} \in \mathbb{N}$ *então* $\phi(n) = \phi(p_1^{a_1})\phi(p_2^{a_2}) \cdots \phi(p_r^{a_r})$.

Demonstração. Deixamos a cargo do leitor provar por indução matemática sobre $r \in \mathbb{N}$. □

Lema 5.6. *Em particular,se* $n = p_1^{a_1} p_2^{a_2} \cdots p_r^{a_r} \in \mathbb{N}$ *então*

$$\phi(n) = n\left(1 - \frac{1}{p_1}\right)\left(1 - \frac{1}{p_2}\right)\cdots\left(1 - \frac{1}{p_r}\right)$$

Demonstração. Decorre diretamente dos lemas (5.3) e (5.5). □

Exemplo 5.17. *Calcule* $\phi(n)$.

1. $n = 100$
2. $n = 8$
3. $n = 7$
4. $n = 40$
5. $n = 60$

Definição 5.5. *Um sistema reduzido de resíduos módulo m é um conjunto de* $\phi(m)$ *inteiros* $r_1, r_2, \ldots, r_{\phi(m)}$ *tais cada elemento é relativamente primo com m, e se* $i \neq j$ *então* $r_i \not\equiv_m r_j$.

Um sistema completo de resíduos é simplesmente todo $\mathbb{Z}_m$. Por exemplo, em $\mathbb{Z}_8$, o sistema completo é

$$\{0, 1, 2, \ldots, 7\}$$

e o reduzido é

$$\{1, 3, 5, 7\}$$

pois somente estes são coprimos com 8.

Proposição 5.4. *Seja $a \in \mathbb{N}$ tal que $mdc(a,m) = 1$. Se $r_1, r_2, \ldots, r_{\phi(m)}$ é um sistema reduzido de resíduos módulo m então $ar_1, ar_2, \ldots, ar_{\phi(m)}$ também o é.*

Demonstração. Primeiro, observe que a sequência $ar_1, ar_2, \ldots, ar_{\phi(m)}$ tem $\phi(m)$ elementos e devemos mostrar que:

1. Cada um dos ar_i é coprimo com m;

2. Quaisquer dois ar_i e ar_j, $i \neq j$, são incongruentes módulo m.

Para mostrar que são coprimos, note que como $mdc(a,m) = 1$ e $mdc(r_i, m) = 1$ então pelo teorema de Bezout temos que $mdc(ar_i, m) = 1$.

Por outro lado, se $ar_i \equiv_m ar_j$ então $r_i \equiv_m r_j$ pois a tem inverso em $\mathbb{Z}_m$. Como $r_1, r_2, \ldots, r_{\phi(m)}$ é um sistema reduzido, temos que $i = j$. □

Nosso último importante teorema generaliza o pequeno teorema de Fermat, usando para isso a função ϕ.

Teorema 5.3 (Teorema de Euler). *Seja $a, m \in \mathbb{N}$ tais que $mdc(a,m) = 1$. Então*

$$a^{\phi(m)} \equiv_m 1 \tag{5.7}$$

Demonstração. Pela proposição anterior, temos que $ar_1, ar_2, \ldots, ar_{\{}\phi(m)\}$ é um sistema reduzido de resíduo sempre que $r_1, r_2, \ldots, r_{\phi(m)}$ seja um sistema reduzido também. Isto implica dizer que cada ar_i é congruente a algum r_j com $1 \leq j \leq \phi(m)$. Logo

$$(ar_1)(ar_2)\cdots(ar_{\phi(m)}) \equiv_m r_1 r_2 \cdots r_{\phi(m)}$$

Segue desta equivalência que

$$a^{\phi(m)}r_1r_2)\cdots r_{\phi(m)} \equiv_m r_1r_2\cdots r_{\phi(m)}$$

Como cada r_i é coprimo com m, ou seja, $mdc(r_i, m) = 1$, pelo teorema de Bezout temos que

$$mdc\left(\prod_{i=1}^{\phi(m)} r_i, m\right) = 1$$

Nos permite dizer que $\prod_{i=1}^{\phi(m)} r_i$ é invertível em módulo m. Portanto,

$$a^{\phi(m)} \equiv_m 1$$

$\square$

Exemplo 5.18. *Determine os últimos dois dígito de* 3^{1000}.

Devemos fazer a divisão por 100 neste caso. Observe que $\phi(100) = 40$ e $1000 = 40 \cdot 25$. Pelo teorema de Euler,

$$3^{40} \equiv_{100} 1$$

Portanto, $3^{1000} = (3^{40})^{25} \equiv_{100} 1$, ou seja, os dígitos finais são 01. $\square$.

Exemplo 5.19. *os últimos dois dígito de* $7^{7^{1000}}$.

Devemos fazer a divisão por 100 neste caso. Daí, $7^{40} \equiv_{100} 1$. Em contrapartida, como

$$7^{1000} = (7^16)^{62}(7^8)$$

temos que $7^{1000} \equiv_{40} (7^{16})^{62}(7^8) \equiv_{40} (7^{16})^{62}(7^4)^2 \equiv_{40} (7^{16})^{62}(7^2)^4 \equiv_{40} (7^{16})^{62}$. Agora, como $\phi(40) = 16$, temos que

$$(7^{16}) \equiv_{40} 1$$

Segue então que $7^{1000} = 1 + 40t$ para algum $t \in \mathbb{Z}$. Portanto, $7^{7^{1000}} = 7 \cdot (7^{40})^t \equiv_{100} 7$ e assim os últimos dígitos são 07. $\square$

5.3 Teorema Chinês do Resto

Este teorema é uma contribuição matemática de grande relevância no campo da teoria dos números, é uma técnica fundamental para resolver sistemas de congruências simultâneas. Atribuído ao matemático chinês Sun Tzu (ou Sunzi) por volta do século III, o teorema oferece uma estratégia eficaz para reconstruir um número inteiro desconhecido a partir de seus resíduos em diferentes módulos primos. O teorema estabelece que se $m_1, m_2, \ldots, m_k$ são inteiros positivos mutuamente primos, então, dado um conjunto de resíduos $a_1, a_2, \ldots, a_k$, existe uma solução única (módulo $M = m_1 \cdot m_2 \cdot \ldots \cdot m_k$) que satisfaz simultaneamente as congruências $x \equiv a_1 \pmod{m_1}$, $x \equiv a_2 \pmod{m_2}$, e assim por diante. Esse teorema possui aplicações amplas, desde a aritmética modular até a computação paralela, encontrando-se presente em áreas como criptografia, teoria dos números computacional e programação competitiva.

A relevância e a versatilidade do Teorema Chinês do Resto são incontestáveis, tendo impactado diversos ramos da matemática e áreas correlatas. Sua aplicação se estende não apenas à solução direta de sistemas de congruências, mas também à otimização de cálculos em domínios como álgebra abstrata e teoria de números. Além disso, o teorema desempenha um papel crucial na implementação de algoritmos eficientes, como o algoritmo RSA na criptografia, que envolve operações com resíduos em módulos primos de grande magnitude.

Teorema 5.4. *Se $mdc(a_i, m_i) = 1$ e $mdc(m_i, m_j) = 1$ para $i \neq j$ e*

$c_i \in \mathbb{Z}$ então o sistema

$$\begin{aligned} a_1x &\equiv_{m_1} c_1 \\ a_2x &\equiv_{m_2} c_2 \\ a_3x &\equiv_{m_3} c_3 \\ &\vdots \\ a_rx &\equiv_{m_r} c_r \end{aligned}$$

possui única solução módulo $m = \prod_{i=1}^{r} m_i$.

Demonstração. Observe que como $mdc(a_i, m_i) = 1$ então a equação $a_i x \equiv_{m_i} c_i$ tem solução única, a saber, $x \equiv_{m_i} a_i^{-1} c_i$. Vamos denotar estas soluções únicas por b_i.

Agora, seja $y_i = m_1 m_2 \cdots m_r / m_i$. Como $mdc(m_i, m_j) = 1$ então $mdc(y_i, m_i) = 1$. Segue que y_i tem inverso em $\mathbb{Z}_{m_i}$, ou seja, existe $\widehat{y_i}$ tal que

$$y_i \widehat{y_i} \equiv_{m_i} 1$$

Afirmamos que o número

$$x = b_1 y_1 \widehat{y_1} + b_2 y_2 \widehat{y_2} + \cdots + b_r y_r \widehat{y_r}$$

é uma solução do sistema em questão. De fato,

$$\begin{aligned} a_i x &= a_i b_1 y_1 \widehat{y_1} + a_i b_2 y_2 \widehat{y_2} + \cdots + a_i b_r y_r \widehat{y_r} \\ &\equiv_{m_i} a_i b_i y_i \widehat{y_i} \\ &\equiv_{m_i} a_i b_i \\ &\equiv_{m_i} c_i \end{aligned}$$

para todo $1 \leq i \leq r$.

Resta ainda mostrar que tal solução é única. Com efeito, seja x^* outra solução do sistema. Segue que $x^* \equiv_{m_i} x$ para todo $1 \leq i \leq r$, ou seja, $m_i \mid (x - x^*)$. Como $mdc(m_i, m_j) = 1$, para $i \neq j$ temos que

$$MMC(m_1, m_2, \ldots, m_r) = m_1 m_2 \ldots, m_r$$

Portanto, $m_1 m_2 \ldots, m_r \mid (x - x^*)$, ou seja, $x \equiv_m x^*$. □

Exemplo 5.20. *Resolva o sistema de congruências*

$$\begin{aligned} x &\equiv_5 1 \\ x &\equiv_7 2 \\ x &\equiv_{11} 3 \end{aligned}$$

Usando a notação do teorema, temos:

1. $y_1 = 7 \cdot 11$, $y_2 = 5 \cdot 11$ e $y_3 = 5 \cdot 7$
2. $\overline{b_1} = 1$, $\overline{b_2} = 2$ e $\overline{b_3} = 3$.
3. $\overline{\overline{y_1}} = 3$, $\overline{\overline{y_2}} = 6$ e $\overline{\overline{y_3}} = 6$

Portanto, $x \equiv_{385} 366$.

5.4 Exercícios

1. Ache todos os inteiros x tais que:

   a) $3x \equiv_5 2$ c) $7x \equiv_{10} 4$ e) $3x \equiv_{10} 0$

   b) $4x + 3 \equiv_5 4$ d) $2x + 1 \equiv_7 2$ f) $5x \equiv_{11} 7$

2. Prove que $\forall m \in \mathbb{Z}$ tem-se $m^2 \equiv_4 0$ ou $m^2 \equiv_4 1$.

3. Determine os elementos invertíveis e qual(ou quais) seu respectivo inverso em $\mathbb{Z}_n$.

   a) $n = 8$ c) $n = 15$ e) $n = 31$

   b) $n = 11$ d) $n = 21$ f) $n = 12$

4. Prove que não existe $x, y \in \mathbb{Z}$ tais que $x^2 - 5y^2 = 2$.

5. Prove que $7 \mid (3^{2n+1} + 2^{n+2})$, $\forall n \in \mathbb{N}$.

6. Prove que $7 \mid (2222^{5555} + 5555^{2222})$.

7. Determine se há e quais são os elementos em $\mathbb{Z}_n$ tais que $\overline{x} \otimes \overline{y} = \overline{0}$.

   a) $n = 6$ b) $n = 11$

8. Encontre o dígito das unidades de 7^{7^7}.

9. Seja $p \in \mathbb{N}$ primo. Existem elementos $\overline{x}, \overline{y} \in \mathbb{Z}_p$ tais que $\overline{x} \otimes \overline{y} = \overline{0}$? Justifique sua resposta.

10. Ache o resto da divisão de

a) 5^{60} por 26.

b) 3^{100} por 10.

11. Mostre que para todo $n \in \mathbb{N}$, $3n^2 - 1$ nunca é um quadrado perfeito.

12. Mostre que $5n^3 + 7n^5 \equiv_{12} 0$ para todo $n \in \mathbb{N}$.

13. Encontre todos os primos p tais que $p \mid (2^p + 1)$.

14. Encontre o resto de

    a) 3^{102} quando divido pelo primo 101.

    b) 10^{200} quando divido pelo primo 11.

    c) $10^{10} + 10^{10^2} + 10^{10^3} + \cdots + 10^{10^{10}}$ quando divido por 7.

15. Mostrar que se p_1, p_2 são primos tais que $p_2 = p_1 + 2$ com $p_1 > 3$ então $p_1 + p_2 \equiv_{12} 0$.

16. Podemos dizer que as congruências $3x^2 + 4x^2 \equiv_5 3$ e $3x^2 - x^2 + 2 \equiv_5$ são iguais? Justifique.

17. Mostre que $a^7 \equiv_{21} a$, para todo $a \in \mathbb{Z}$.

18. Seja p primo. Prove que

    a) $\begin{pmatrix} p-1 \\ n \end{pmatrix} \equiv_p (-1)^n$, para todo $1 \leq n \leq p-1$.

    b) $\begin{pmatrix} p+1 \\ n \end{pmatrix} \equiv_p 0$, para todo $2 \leq n \leq p-1$.

19. Mostre que se p é um primo ímpar então

$$2(p-3)! \equiv_p -1$$

20. Mostre que $13 \mid (2^{70} + 3^{70})$.

21. Seja p um número primo e $a \in \mathbb{N}$. Mostre que

    a) $a^p + (p-1)!a \equiv_p 0$

    b) $a^p(p-1)! + a \equiv_p 0$

22. Determine $\phi(n)$ quando

    a) $n = 30$
    c) $n = 68$
    e) $n = 625$
    b) $n = 2017$
    d) $n = 99$
    f) $n = 1089$

23. Se p e q são primos distintos, mostre que

$$p^{q-1} + q^{p-1} \equiv_{pq} 1$$

.

24. Supondo que $(m, n) = 1$, mostre que

$$m^{\phi(n)} + n^{\phi(m)} \equiv_{mn} 1.$$

25. Determine os últimos dois dígitos de a_{1001}, sendo $a_1 = 7$ e $a_{n+1} = 7^{a_{n-1}}$ para $n > 1$.

26. Encontre a solução de cada congruência

    a) $5x \equiv_7 3$
    c) $15x \equiv_{25} 9$
    b) $13x \equiv_{29} 14$
    d) $5x \equiv_9 20$

27. Resolva os sistemas (verifique se solução encontrada, de fato resolve o sistema!)

a)

$$\begin{aligned} x &\equiv_3 2 \\ x &\equiv_4 3 \\ x &\equiv_5 4 \\ x &\equiv_6 5 \end{aligned}$$

b)

$$\begin{aligned} 2x &\equiv_5 1 \\ 3x &\equiv_7 2 \\ 5x &\equiv_{11} 7 \end{aligned}$$

c)

$$\begin{aligned} x &\equiv_{11} 7 \\ 3x &\equiv_{13} 5 \\ 7x &\equiv_5 4 \end{aligned}$$

CAPÍTULO 6

Polinômios em Uma Variável

O presente capítulo se dedica a uma exploração aprofundada do universo dos polinômios em uma única variável. Através desta análise, nosso propósito é fornecer uma compreensão abrangente dos conceitos centrais e estabelecer os fundamentos essenciais que permeiam o estudo dessas expressões matemáticas. Os polinômios, que desempenham um papel fundamental na matemática, oferecem uma rica fonte de teoria e aplicabilidade em uma variedade de campos.

Durante a trajetória deste capítulo, nos empenharemos em abordar os elementos-chave associados aos polinômios em uma variável. Iremos explorar suas propriedades estruturais, discutir métodos para sua fatoração e exploração de raízes, e examinar suas interações com tópicos relacionados, como teoremas fundamentais da álgebra. Além disso, introduziremos algumas ferramentas que servirão como alicerces para a compreensão das técnicas de manipulação polinomial, essenciais tanto em problemas puramente matemáticos quanto na modelagem de fenômenos do mundo real.

No decorrer deste capítulo, nossa aspiração é ilustrar como os polinômios constituem um campo de estudo vasto e cativante, com conexões profundas com diversas áreas da matemática e suas aplicações práticas. Ao apresentar os principais tópicos e resultados, esperamos não apenas solidificar a compreensão dos polinômios, mas também instigar a curiosidade dos leitores em relação às possibilidades intelectuais e criativas que essas expressões simples e poderosas podem oferecer.

6.1 Polinômios

Definição 6.1. *Um polinômio na variável x com coeficientes em um corpo $\mathbb{K}$ é uma expressão da forma:*

$$f(x) = a_n x^n + a_{n-1} x^{n-1} + \cdots + a_1 x + a_0. \tag{6.1}$$

onde $a_0, a_1, \cdots, a_n$ são elementos do corpo $\mathbb{K}$ e $n \in \mathbb{N}$.

Cada parcela $a_i x^i$ é denominada *termo do polinômio*. Os números reais $a_0, a_1, \cdots, a_{n-1}, a_n$ são chamados de *coeficientes do polinômio*. Um *monômio* é simplesmente um 'polinômio' que possui apenas um termo.

Dizemos que um polinômio $f(x) = a_n x^n + a_{n-1} x^{n-1} + \cdots + a_1 x + a_0$ é nulo ou identicamente nulo $f(x) \equiv 0$ quando todos os seus coeficientes são iguais a zero, ou seja, $a_i = 0\ \forall i \in \{0, 1, 2, \cdots, n\}$. Quando $a_i = 0\ \forall i \in \{1, 2, \cdots, n\}$ e $a_0 \neq 0$ temos o polinômio constante.

Utilizaremos o símbolo $\mathbb{K}[x]$ para denotar o conjunto de todos os polinômios na variável x, com coeficientes em um corpo $\mathbb{K}$.

Definição 6.2. *Dado um polinômio $f(x) = a_n x^n + a_{n-1} x^{n-1} + \cdots + a_1 x + a_0 \in \mathbb{K}[x]$, a **função polinomial** associada a f é a função $\tilde{f} : \mathbb{K} \to \mathbb{K}$, dada* *por*

$$\tilde{f}(x) = a_n x^n + a_{n-1}x^{n-1} + \cdots + a_1 x + a_0 \qquad \textit{para cada } x \in \mathbb{K}.$$

.

Observação 6.1. *Em geral, os polinômios (somas formais na indeterminada x) são identificados com as funções polinomiais na variável x, o que é verdade quando o corpo dos coeficientes é um corpo infinito. Quando o corpo de coeficientes é finito, essa identificação não é possível! Vejamos: Consideramos $\mathbb{K} = \mathbb{Z}_p$ sendo p um número primo. Seja $f(x) = x^p - x$ um polinômio em $\mathbb{Z}_p$. Observemos que a função polinomial associada a $f(x)$ é identicamente nula sobre $\mathbb{Z}_p$, mas $f(x)$ não é o polinômio nulo.*

Exemplo 6.1. *Considere os polinômios $f(x) = 3x^3 - 2x^2 + x - 1$ e $g(x) = x^2 - x + i$. Como os coeficientes de $f(x)$ são todos inteiros, temos que $f(x) \in \mathbb{Z}[x]$. Observe que também $f(x) \in \mathbb{Q}[x]$, $f(x) \in \mathbb{R}[x]$e $f(x) \in \mathbb{C}[x]$ pois $\mathbb{Z} \subset \mathbb{Q} \subset \mathbb{R} \subset \mathbb{C}$. Já o polinômio $g(x)$ tem coeficientes no corpo dos complexos, ou seja $g(x) \in \mathbb{C}[x]$.*

A proposição abaixo estabelece quando dois polinômios são ditos iguais.

Proposição 6.1. *Dois polinômios $f(x)$ e $g(x)$ são idênticos se, e somente se, seus coeficientes são ordenadamente iguais.*

Demonstração. Sejam $f(x) = a_0 + a_1x + a_2x^2 + \cdots + a_{p-1}x^{p-1} + a_px^p + \cdots + a_{n-1}x^{n-1} + a_nx^n$ e $g(x) = b_0 + b_1x + b_2x^2 + \cdots + b_{p-1}x^{p-1} + b_px^p$ com $n \geq p$. Então:

$f(x) \equiv g(x)$ se, e somente se, $f(x) - g(x) = 0$. logo

$$(a_0 - b_0) + (a_1 - b_1)x + \cdots (a_p - b_p)x^p + a_{p+1}x^{p+1} + \cdots + a_{n-1}x^{n-1} + a_nx^n = 0$$

Assim, $a_{p+1} = a_{p+2} = \cdots = a_{n-1} = a_n = 0$ e $(a_0 - b_0) = (a_1 - b_1) = \cdots = (a_p - b_p) = 0$.

Portanto, $a_0 = b_0, a_1 = b_1, \cdots, a_p = b_p$. □

Definição 6.3. *Seja $f(x) = a_n x^n + a_{n-1}x^{n-1} + \cdots + a_1 x + a_0$ um polinômio não nulo. Chama-se grau de f, denotado por ∂f ou $gr(f)$, o número natural p tal que $a_p \neq 0$ e $a_i = 0$ para todo $i > p$.*

Assim, é claro que se $f(x) = a_n x^n + a_{n-1}x^{n-1} + \cdots + a_1 x + a_0$ com $a_n \neq 0$, então $f(x)$ é um polinômio de grau n. Neste caso, a_n é chamado de **coeficiente líder** do polinômio f. Se o coeficiente líder de f for igual a 1, isto é, $a_n = 1$, então f é dito **polinômio mônico.**

O polinômio constante não nulo terá grau zero. Para o polinômio nulo não definiremos o grau. Dizemos que um polinômio de grau n está na sua forma completa quando na expressão $f(x) = a_n x^n + a_{n-1}x^{n-1} + \cdots + a_1 x + a_0$ tivermos $a_i \neq 0$ $\forall$ $i \in \{0, 1, 2, \cdots, n-1, n\}$.

6.2 Operações com Polinômios

Nesta seção mostraremos que operar com os polinômios é relativamente simples. Podemos somar, subtrair e multiplicar polinômios de maneira natural tal como fazemos com os números reais. No caso da divisão de polinômios apresentaremos o Lema de Euclides para polinômios com coeficientes em um corpo. Este lema garante a existência do resto e do quociente da divisão de polinômios.

6.2.1 Adição

Sejam $f(x) = a_n x^n + a_{n-1}x^{n-1} + \cdots + a_1 x + a_0$ e $g(x) = b_n x^n + b_{n-1}x^{n-1} + \cdots + b_1 x + b_0$ dois polinômios com coeficientes reais. A soma de f com g é definida da seguinte forma:

$$\begin{aligned}(f+g)(x) &= f(x) + g(x) \\ &= (a_n + b_n)x^n + (a_{n-1} + b_{n-1})x^{n-1} + \\ &\quad \cdots + (a_1 + b_1)x + a_0 + b_0.\end{aligned}$$

Uma maneira simplificada e elegante de escrever essa soma é utilizar a notação de somatório, ou seja, dados

$$f(x) = \sum_{i=0}^{n} a_i x^i$$

e

$$g(x) = \sum_{i=0}^{n} b_i x^i,$$

então

$$(f+g)(x) = \sum_{i=0}^{n} (a_i + b_i)x^i$$

Exemplo 6.2. *Sejam* $f(x) = 2x^5 - 3x^2 + x - 5$ *e* $g(x) = x^3 + 3$ *dois polinômios. Qual é o polinômio resultante da soma de* f *com* g*?*

Observe que f é um polinômio de quinto grau, porém está incompleto, pois falta os termos de grau quatro e de grau três. Já o polinômio g tem grau três e também está incompleto. Para realizarmos essa operação de soma faremos o seguinte: Escrevemos f e g na sua forma completa, ou seja, $f(x) = 2x^5 + 0x^4 + 0x^3 - 3x^2 + x - 5$

e $g(x) = x^3+0x^2+0x+3$. É claro que $g(x) = 0x^5+0x^4+x^3+0x^2+0x+3$. Agora podemos efetuar a soma. Assim,

$$\begin{aligned}(f+g)(x) &= (2+0)x^5+(0+0)x^4+(0+1)x^3\\ &\quad +(-3+0)x^2+(1+0)x+(-5+3)\\ &= 2x^5+x^3-3x^2+x-2\end{aligned}$$

Algumas propriedades operacionais serão comentadas a seguir. Sejam $f(x) = \sum_{i=0}^{n} a_i x^i$, $g(x) = \sum_{i=0}^{n} b_i x^i$ e $h(x) = \sum_{i=0}^{n} c_i x^i$ polinômios em $\mathbb{R}[x]$. Então vale:

i) Comutatividade

$f(x)+g(x) = g(x)+f(x)$

ii) Associatividade

$(f(x)+g(x))+h(x) = f(x)+(g(x)+h(x))$

iii) Existência de elemento neutro

Existe um polinômio nulo $0(x) \equiv 0$ tal que $f(x)+0(x) = f(x)$

iv) Existência de elemento simétrico

Dado $f(x) = \sum_{i=0}^{n} a_i x^i$ existe o polinômio $s(x)$ tal que $f(x)+s(x) = 0$. Neste caso, denotamos $s(x) = -f(x) = \sum_{i=0}^{n}(-a_i)x^i$.

Com relação ao grau dos polinômios do exemplo 6.2, observe que $gr(f) = 5$ e $gr(g) = 3$. O polinômio $f+g$ tem grau $gr(f+g) = 5$. Em geral temos que:

Proposição 6.2. *Dados os polinômios* $f(x) = \sum_{i=0}^{n} a_i x^i$ *com* $a_n \neq 0$ *e* $g(x) = \sum_{i=0}^{m} b_i x^i$ *com* $b_m \neq 0$*, se* $(f+g)(x) \neq 0$ *então*

$$gr(f+g) \leq max\{gr(f), gr(g)\}$$

No caso em que $gr(f) = n \neq m = gr(g)$ *teremos a igualdade, ou seja* $gr(f+g) = max\{n, m\}$.

Demonstração. Se $m \neq n$, suponhamos sem perda de generalidade que $m > n$. Então:

$$(f+g)(x) = (a_0 + b_0) + \cdots + (a_n + b_m)x^n + b_{n+1}x^{n+1} + \cdots + b_m x^m,$$

Assim, $gr(f+g) = m = max\{gr(f), gr(g)\}$. Se $m = n$, mas $f+g(x) \neq 0$, então

$$(f+g)(x) = (a_0 + b_0) + \cdots + (a_n + b_m)x^n.$$

Neste caso há duas possibilidades:

$$\begin{cases} a_n + b_n = 0, \quad \text{ou} \\ a_n + b_n \neq 0, \end{cases}$$

No primeiro caso, temos que $gr(f+g) < n = max\{gr(f), gr(g)\}$. No outro caso, temos que $gr(f+g) = n = max\{gr(f), gr(g)\}$. Portanto $gr(f+g) \leq max\{gr(f), gr(g)\}$ □

6.2.2 Multiplicação de Polinômios

Sejam $f(x) = \sum_{i=0}^{n} a_i x^i$ e $g(x) = \sum_{i=0}^{m} b_i x^i$ dois polinômios em $\mathbb{R}[x]$. A multiplicação de f por g é definida por:

$$(f \cdot g)(x) = \sum_{i=0}^{n+m} c_i x^i$$

Aqui os coeficientes c_i são dados por :

$$\begin{aligned}
c_0 &= a_0 \cdot b_0 \\
c_1 &= a_0 \cdot b_1 + a_1 \cdot b_0 \\
c_2 &= a_0 \cdot b_2 + a_1 \cdot b_1 + a_2 \cdot b_0 \\
&\vdots \\
c_k &= a_0 \cdot b_k + a_1 \cdot b_{k-1} + \cdots + a_{k-1} \cdot b_1 + a_k \cdot b_0 \qquad (6.2) \\
&\vdots \\
c_{n+m} &= a_n \cdot b_m
\end{aligned}$$

6.2.3 Propriedades da Multiplicação de Polinômios

Sejam $f(x) = \sum_{i=0}^{n} a_i x^i$ e $g(x) = \sum_{i=0}^{m} b_i x^i$ polinômios em $\mathbb{R}[x]$, então vale a propriedade:

i) Comutativa

$f(x) \cdot g(x) = g(x) \cdot f(x)$

ii) Associativa

$(f(x) \cdot g(x)) \cdot h(x) = f(x) \cdot (g(x) \cdot h(x))$

iii) Existência de elemento neutro

Existe um polinômio $1(x) \equiv 1$ tal que $f(x) \cdot 1(x) = f(x)$

iv) Distributiva

$$f(x)\cdot[g(x)+h(x)] = f(x)\cdot g(x) + f(x)\cdot h(x)$$

Na prática, para multiplicarmos o polinômio $f(x)$ pelo polinômio $g(x)$, multiplicamos cada termo de $f(x)$ pelos termos de $g(x)$ e em seguida agrupamos os termos de mesmo grau (termos semelhantes). Isto equivale aplicar a propriedade distributiva, ou seja, distribuímos o produto com relação à soma e assim, o coeficiente de uma potência x^k em $f(x)\cdot g(x)$ será obtido a partir da soma dos coeficientes dos produtos $x^i x^{k-i}$ com $0 \le i \le k$.

Exemplo 6.3. *Sejam $f(x) = x+2$ e $g(x) = x^2 - 3x + 4$. O produto de f por g é dado por:*

$$f(x)\cdot g(x) = (x+2)\cdot(x^2-3x+4)$$

Pela Propriedade distributiva do produto em relação à soma temos:

$$f(x)\cdot g(x) = (x+2)(x^2-3x+4)$$

Assim,

$$\begin{aligned} f(x)\cdot g(x) &= x^3 - 3x^2 + 4x + 2x^2 - 6x + 8 \\ &= x^3 - x^2 - 2x + 8 \end{aligned}$$

Proposição 6.3. *Sejam $f(x) = \sum_{i=0}^{n} a_i x^i$ e $g(x) = \sum_{i=0}^{m} b_i x^i$ polinômios não nulos em $K[x]$, então o produto $f(x)\cdot g(x)$ é não nulo e*

$$gr(f(x)\cdot g(x)) = gr(f(x)) + gr(g(x)).$$

Demonstração. Suponhamos que f e g tenham graus n e m, respectivamente, ou seja, $a_n \neq 0$ e $b_m \neq 0$. Por 6.2 temos que o coeficiente $c_{n+m} = a_n \cdot b_n \neq 0$, mas c_{n+m} é o coeficiente do termo x^{n+m} no produto de f por g. Portanto, o produto é não nulo. Além disso o grau do polinômio produto é $n+m$, pois como $a_i = 0$ para $i > n$ e $b_j = 0$ para $j > m$ então $c_k = \sum_{l=0}^{k} a_l b_{k-l} = 0$ para todo $k > n+m$.

□

6.2.4 Divisão de Polinômios

A fim de apresentarmos a divisão de polinômios, mostraremos o Lema de Euclides para polinômios com coeficientes em um corpo $\mathbb{K}$. Este lema garante a existência do resto e do quociente da divisão de um polinômio por outro não nulo em qualquer situação.

Teorema 6.1 (Lema da Divisão de Euclides). *Sejam $f(x)$ e $g(x) \in \mathbb{K}[x]$ com $g(x) \neq 0$. Então existem únicos $q(x)$, $r(x) \in \mathbb{K}(x)$ tais que*

$$f(x) = g(x) \cdot q(x) + r(x), \quad com \quad r_1(x) = 0 \quad ou \quad 0 \leq gr(r(x)) \leq gr(g(x)).$$

Demonstração. Para a unicidade, consideremos os polinômios

$$q_1(x), q_2(x), r_1(x), r_2(x) \in \mathbb{K}[x]$$

tais que

$$f(x) = g(x) \cdot q_1(x) + r_1(x) = g(x) \cdot q_2(x) + r_2(x) \tag{6.3}$$

com $r_1(x) = 0 = r_2(x)$ ou $0 \leq gr(r_i(x)) \leq gr(g(x))$ para $i = 1, 2$. Da igualdade (6.3) acima, temos que $g(x)(q_1(x) - q_2(x) = r_2(x) - r_1(x)$.

Assim, se $q_1(x) \neq q_2(x)$ então $r_2(x) \neq r_1(x)$. Mas pela proposição (6.3) temos

$$\begin{aligned} gr(g(x)) &\leq gr(g(x)) + gr(q_1(x) - q_2(x) \\ &= gr(g(x)(q_1(x) - q_2(x)) \\ &= gr(r_2(x) - r_1(x)) \\ &< gr(g(x)) \leq max\{gr(r_1(x)), gr(r_2(x))\} \\ &< gr(g(x)). \end{aligned}$$

Isso gera um absurdo! Logo $r_1(x) = r_2(x)$ e $q_1(x) = q_2(x)$, mostrando assim a unicidade desses polinômios. Mostraremos agora a existência de $q(x), r(x) \in \mathbb{K}(x)$.

Seja $g(x) = b_m x^m + b_{m-1}x^{m-1} + \cdots + b_1 x + b_0$. Se $f(x) = 0$, basta tomar $r(x) = q(x) = 0$. Suponhamos que $f(x) \neq 0$. Escrevemos $f(x) = a_n x^n + a_{n-1}x^{n-1} + \cdots + a_1 x + a_0$ com $a_n \neq 0$. Se o grau de $f(x)$ for menor do que o grau de $g(x)$, ou seja, $n < m$, basta tomar $q(x) = 0$ e $r(x) = f(x)$. Então suponhamos que $n \geq m$ e mostraremos o resultado por indução sobre n. Suponhamos que $n = 0$, neste caso devemos ter $m = 0$. Assim $f(x) = a_0 \neq 0$ e $g(x) = b_0 \neq 0$. Logo, $q(x) = \frac{a_0}{b_0}$ e $r(x) = 0$. Agora, suponhamos por indução que o resultado seja válido para polinômios com grau menor do que n. Mostraremos que o resultado também é válido para $f(x)$, ou seja, para polinômios com grau igual a n. Consideremos o polinômio $h(x)$ de grau n e coeficiente líder a_n, dado por: $h(x) = \frac{a_n}{b_n}x^{n-m}g(x)$. Definimos $f_1(x)$ por $f_1(x) = f(x) - h(x)$. É claro que o grau de $f_1(x)$ é menor do que o grau de $f(x)$. Pela hipótese de indução, existem $q_1(x)$ e $r_1(x)$ em $\mathbb{K}[x]$ tais que

$$f_1(x) = g(x) \cdot q_1(x) + r_1(x),$$

com

$$r_1(x) = 0 \quad \text{ou} \quad 0 \leq gr(r_1(x)) \leq gr(g(x)).$$

Logo,

$$\begin{aligned} f(x) &= f_1(x) + h(x) \\ &= f_1(x) + \frac{a_n}{b_n}x^{n-m}g(x) \\ &= g(x) \cdot q_1(x) + r_1(x) + \frac{a_n}{b_n}x^{n-m}g(x) \\ &= g(x)\left(q_1(x) + \frac{a_n}{b_n}x^{n-m}\right) + r_1(x) \end{aligned}$$

Terminamos a prova tomando $q(x) = q_1(x) + \frac{a_n}{b_n}x^{n-m}$ e $r(x) = r_1(x)$.

□

Observação 6.2. *No lema acima quando $r(x) = 0$ dizemos que $f(x)$ é divisível por $g(x)$ ou que $g(x)$ divide $f(x)$, e escrevemos $g(x)|f(x)$.*

Definição 6.4. *Na expressão $f(x) = g(x) \cdot q(x) + r(x)$, $f(x)$ é o dividendo, $g(x)$ é o divisor, $q(x)$ é o quociente e $r(x)$ o resto.*

O exemplo a seguir mostrará o uso do Lema de Euclides para a realização da divisão de dois polinômios.

Exemplo 6.4. *Efetue a divisão em $\mathbb{R}[x]$ do polinômio $f(x) = x^4 + x^3 - 1$ por $g(x) = x^2 + x + 1$.*

Neste exemplo temos que $f(x)$ tem grau $n = 4$ e coeficiente líder $a_4 = 1$. O polinômio $g(x)$ tem grau $m = 2$ e coeficiente líder $b_2 = 1$. Assim, $h(x) = \frac{a_4}{b_2}x^{4-2}g(x) = x^2g(x) = x^4 + x^3 + x^2$. Assim, $f_1(x) = f(x) - h(x) = x^4 + x^3 - 1 - (x^4 + x^3 + x^2) = -x^2 - 1$. Observe que o grau de $f_1(x)$ não é menor do que grau de $g(x)$. Neste caso, o processo continua. Definimos

$h_1(x) = \dfrac{1}{-1}x^{2-2}g(x) = -x^2 - x - 1$. *Logo,* $f_2(x) = f_1(x) - h_1(x) = -x^2 - 1 - (-x^2 - x - 1) = x$. *Temos*

$$\begin{aligned} f(x) &= f_1(x) + h(x) \\ &= f_2(x) + h_1(x) + h_2(x) \\ &= x + (-1)g(x) + x^2 g(x) \\ &= (x^2 - 1)g(x) + x \\ &= (x^2 - 1)(x^2 + x + 1) + x \end{aligned}$$

Portanto, $q(x) = x^2 - 1$ *e* $r(x) = x$.

Apesar de parecer um pouco confuso, mas estamos fazendo exatamente o que estamos acostumados a fazer desde o ensino básico. Vejamos este mesmo exemplo.

$$\begin{array}{rl|l} & x^4 + x^3 + 0x^2 + 0x - 1 & x^2 + x + 1 \\ \cline{3-3} - & x^4 + x^3 + x^2 \qquad\qquad & x^2 - 1 \\ \cline{1-2} & -x^2 + 0x - 1 & \\ - & -x^2 - x - 1 & \\ \cline{1-2} & x & \end{array}$$

Na prática fazemos assim:

1. Primeiro completamos o polinômio dividendo, ou seja, colocamos com coeficiente zero aqueles termos que faltam no polinômio. No nosso exemplo faltavam os termos de grau dois e de grau um para que o polinômio estivesse completo.

2. Em seguida dividimos o termo de maior grau do dividendo pelo termo de maior grau do divisor. Colocamos o resultado abaixo do divisor, conforme ilustração acima.

3. Agora multiplicamos esse termo resultante da divisão anterior por todos os termos do divisor e colocamos o resultado abaixo do dividendo.

4. Efetuamos a subtração. Caso o polinômio resultante tenha grau menor do que o grau do divisor, o processo termina. Caso contrário, repetimos o procedimento.

6.3 Raiz e Fatoração de Polinômios

Lembramos que dado um polinômio $f(x) = a_n x^n + a_{n-1} x^{n-1} + \cdots + a_1 x + a_0 \in \mathbb{K}[x]$, a **função polinomial** associada a f é a função $\tilde{f} : \mathbb{K} \to \mathbb{K}$, dada por

$$\tilde{f}(x) = a_n x^n + a_{n-1} x^{n-1} + \cdots + a_1 x + a_0 \qquad \text{para cada } x \in \mathbb{K}.$$

Definição 6.5. *Seja $f(x) \in \mathbb{K}[x]$ um polinômio com função polinomial associada $\tilde{f} : \mathbb{K} \to \mathbb{K}$. O valor numérico de $f(x)$ em $x = c \in \mathbb{K}$ é dado por $\tilde{f}(c) = a_n c^n + a_{n-1} c^{n-1} + \cdots + a_1 c + a_0$.*

Observação 6.3. *Daqui em diante falaremos do polinômio $f(x)$ e de sua função polinomial associada $\tilde{f}(x)$ indistintamente. Chamaremos sempre de $f(x)$ para simplificar a notação.*

Em particular, quando $\tilde{f}(c) = 0$, dizemos que $x = c$ é uma **raiz** ou um zero do polinômio $f(x)$ no corpo $\mathbb{K}$.

Proposição 6.4. *Sejam $f(x) \in \mathbb{K}[x]$ um polinômio não nulo, e $\alpha \in \mathbb{K}$. Então, o resto da divisão de $f(x)$ por $x - \alpha$ em $\mathbb{K}[x]$ é igual a $f(\alpha)$.*

Demonstração. Pelo Lema da Divisão de Euclides temos que existem $q(x)$ e $r(x)$ em $\mathbb{K}[x]$ tais que

$$f(x) = (x-\alpha)q(x)+r(x), \quad \text{com} \quad r(x) = 0 \quad \text{ou} \quad 0 \leq gr(r) \leq gr(x-\alpha) = 1.$$

Portanto, $r(x) = C$ é um polinômio constante em $\mathbb{K}[x]$. Assim, $f(\alpha) = (\alpha - \alpha)q(x) + C = C$. □

Corolário 6.1. *Observe que $\alpha \in \mathbb{K}[x]$ é uma raiz de $f(x)$ se, e somente se, $(x - \alpha)|f(x)$.*

Demonstração. De fato, se for uma raiz de $f(x)$ então $0 = f(\alpha) = C$.

□

A seguir apresentaremos um algoritmo para a obtenção do quociente da divisão de um polinômio $f(x) \in \mathbb{K}[x]$ por $x - \alpha$ com $\alpha \in \mathbb{K}[x]$.

Proposição 6.5 (Algoritmo de Briot-Ruffini). *Seja $f(x) = a_n x^n + a_{n-1}x^{n-1} + \cdots + a_1 x + a_0 \in \mathbb{K}[x]$. Se o quociente da divisão de $f(x)$ por $x-\alpha$ for $q(x) = q_{n-1}x^{n-1} + q_{n-2}x^{n-2} + \cdots + q_1 x + q_0$ então, os coeficientes q_i são obtidos recursivamente por:*

$$\begin{cases} q_{n-1} = a_n, \\ q_i = \alpha q_{i+1} + a_{i+1}, \quad \textit{para} \quad 0 \leq i \leq n-2. \end{cases}$$

Além disso, o resto é dado por $r(x) = r = \alpha \cdot q_0 + a_0$.

Demonstração. Se $q(x) = q_{n-1}x^{n-1} + q_{n-2}x^{n-2} + \cdots + q_1 x + q_0$ for o quociente da divisão de $f(x)$ por $x - \alpha$ e $r(x) = r$ for o resto dessa divisão, então basta multiplicar $q(x)$ por $x - \alpha$ e somar com o resto. Agora igualando esse resultado a $f(x)$ obtemos a recorrência. □

Na prática o algoritmo de Briot-Ruffini consiste numa tabela com três linhas e três colunas (veja figura a seguir). Na primeira linha e segunda coluna colocamos os coeficientes de $f(x)$ até o termo de grau 1, completando com zero para os coeficientes dos termos ausentes. Na terceira coluna colocamos o termo de grau zero. A segunda linha é uma linha auxiliar apenas para colocarmos o produto da raiz do divisor pelos coeficientes do quociente que são obtidos passo a passo. Na terceira linha colocamos α na primeira coluna . Na segunda e terceira colunas aparecerão os coeficientes de $q(x)$ e o resto, respectivamente.

	coeficientes do dividendo	termo constante do dividendo
	*	
raiz do divisor	coeficientes do quociente	resto

Figura 7 – Algoritmo de Briot-Ruffini

Na linha 2 em $*$ colocamos o produto da raiz do divisor pelos coeficientes do quociente. Ou seja,

	a_n	a_{n-1}	$\cdots$	a_2	a_1	a_0
		$\alpha \cdot q_{n-1}$	$\cdots$	$\alpha \cdot q_2$	$\alpha \cdot q_1$	$\alpha \cdot q_0$
α	q_{n-1}	q_{n-2}	$\cdots$	q_1	q_0	r

Vejamos o algoritmo aplicado em um exemplo.

Exemplo 6.5. *Obtenha o quociente $q(x)$ e o resto r na divisão de $x^4 - 3x^3 + 5x^2 - 4$ por $x - 2$.*

Faremos a solução passo a passo.

Última etapa de forma mais "limpa".

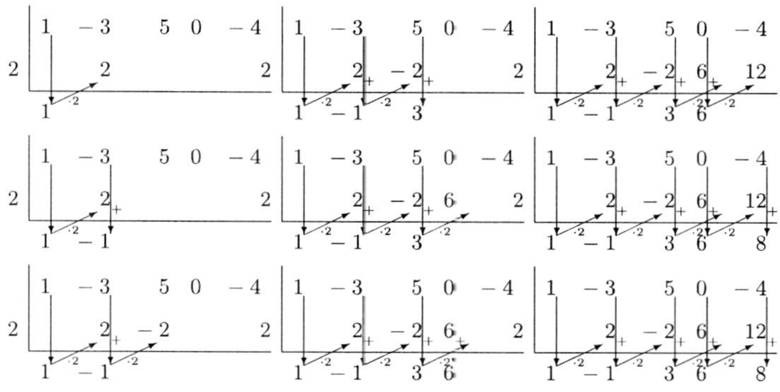

$$
\begin{array}{c|cccc|c}
 & 1 & -3 & 5 & 0 & -4 \\
2 & & 2 & -2 & 6 & 12 \\
\hline
 & 1 & -1 & 3 & 6 & 8
\end{array}
$$

Portanto, temos pelo algoritmo de Briot-Ruffini que o quociente da divisão é dado por $q(x) = x^3 - x^2 - 3x + 6$ e o resto é $r(x) = r = 8$.

6.3.1 Raiz de Polinômios

O grau de um polinômio $f(x) \in \mathbb{K}[x]$ está relacionado com a quantidade de raízes que este polinômio possui no corpo $\mathbb{K}$. A proposição abaixo nos mostra essa relação:

Proposição 6.6. *Seja $f(x)$ um polinômio não nulo em $\mathbb{K}[x]$. Se $f(x)$ tiver grau n, então $f(x)$ terá no máximo n raízes em $\mathbb{K}$.*

Demonstração. Faremos a prova por indução sobre o grau de f. Se $n = 0$, então $f(x) = C \neq 0$. Portanto, o resultado é válido. Seja $n \geq 0$. Suponhamos que para os polinômios de grau igual a k, o resultado seja válido. Seja $f(x)$ um polinômio de grau $k+1$. Se $f(x)$ não tiver raiz em $\mathbb{K}$ nada há a demonstrar. Caso contrário, seja α uma raiz de $f(x)$ em $\mathbb{K}$. Portanto, pelo corolário 6.1 temos que $x-\alpha$ divide $f(x)$, ou seja, existe $q(x) \in \mathbb{K}[x]$ tal que

$$f(x) = (x-\alpha)\cdot q(x), \quad \text{com} \quad gr(f(x)) = k.$$

Pela hipótese de indução $q(x)$ possui no máximo k raízes em $\mathbb{K}$. Assim, $f(x)$ possui no máximo $k+1$ raízes em $\mathbb{K}$, conforme queríamos demonstrar. □

Exemplo 6.6. *O polinômio x^2-5 não possui raiz em $\mathbb{Q}$. Já em $\mathbb{R}$ ele possui duas raízes, a saber, $x_1 = \sqrt{5}$ e $x_2 = -\sqrt{5}$.*

Exemplo 6.7. *Para o polinômio $f(x) = x^3 - 3x - 2 \in \mathbb{R}[x]$, quais são suas raízes?*

É fácil ver que $f(-1) = (-1)^3 - 3\cdot(-1) - 2 = 0$, ou seja, $x = -1$ é uma raiz para $f(x)$. Pela proposição 6.6, caso exista mais raízes em $\mathbb{R}$, elas são no máximo mais duas. Para tentar encontrá-las, vamos dividir $f(x)$ por $x+1$. Podemos usar o dispositivo de Briot-Ruffini.

	1	0	−3	−2
−1		−1	1	2
	1	−1	−2	0

Assim, $x^3-3x-2 = (x^2-x-2)(x+1)$. As raízes $x=-1$ e $x=2$ x^2-x-2, são facilmente encontrada pela fórmula quadrática.

Portanto $f(x)$ possui três raízes em $\mathbb{R}$, sendo que a raiz $x=-1$ aparece duas vezes. Neste caso dizemos que $x=-1$ tem multiplicidade dois. (Veja definição abaixo.)

Definição 6.6. *Dizemos que $\alpha \in \mathbb{K}$ é uma raiz de multiplicidade $m \geq 1$ para $f(x) \in \mathbb{K}[x]$, se $(x-\alpha)^m | f(x)$ e $(x-\alpha)^{m+1} \nmid f(x)$.*

O próximo teorema nos permitirá determinar as raízes racionais de polinômios com coeficientes inteiros.

Teorema 6.2. *Seja $f(x) = a_n x^n + a_{n-1} x^{n-1} + \cdots + a_1 x + a_0 \in \mathbb{Z}[x]$ um polinômio não constante. Se $\alpha = \frac{r}{s} \neq 0 \in \mathbb{Q}$ com r e s coprimos for uma raiz de $f(x)$, então $r|a_0$ e $s|a_n$.*

Demonstração. De fato,

$$0 = f(\frac{r}{s}) = a_n \frac{r^n}{s^n} + a_{n-1} \frac{r^{n-1}}{s^{n-1}} + \cdots + a_1 \frac{r}{s} + a_0$$

Multiplicando a igualdade acima por s^n temos:

$$0 = a_n r^n + a_{n-1} s r^{n-1} + \cdots + a_1 s^{n-1} r + a_0 s^n$$

Isto equivale a:

$$\overbrace{(a_n r^n + a_{n-1} s r^{n-1} + \cdots + a_1 s^{n-1} r)}^{Z} + a_0 s^n = 0.$$

Temos que $r|0$ e $r|Z$, logo $r|a_0 s^n$. Mas r e s são coprimos, portanto $r|a_0$. Da mesma forma

$$\overbrace{(a_0 s^n + a_{n-1} s r^{n-1} + \cdots + a_1 s^{n-1} r)}^{Y} + a_n r^n = 0.$$

Temos que $s|0$ e $s|Y$, logo $s|a_n r^n$. Mas r e s são coprimos, portanto $s|a_n$.

□

Exemplo 6.8. *Decida se o polinômio $x^4 - x^3 + 5x^2 - 3x - 2$ possui raiz em $\mathbb{Q}$.*

Para este polinômio temos $a_0 = -2$ e $a_4 = 1$. Caso exista raiz desse polinômio em $\mathbb{Q}$, esta deve ser $\alpha = \frac{r}{s}$ tal que $r| - 2$ e $s|1$. Assim $r \in$

$\{-2,-1,1,2\}$ e $s \in \{-1,1\}$. Portanto, as possibilidades são $\alpha \in \{-2,-1,1,2\}$. Como $f(-2) = 48$; $f(2) = 20$; $f(-1) = 8$ e $f(1) = 0$, temos que $x = 1$ é a única raiz racional desse polinômio.

Será que é possível afirmar, neste exemplo, que $f(x)$ possui uma raiz irracional? Pense nisso! Daqui algumas páginas você terá condições de responder essa pergunta.

6.3.2 Máximo Divisor Comum e Mínimo Múltiplo Comum de Polinômios

Nesta seção apresentaremos o conceito de Máximo Divisor Comum e Mínimo Múltiplo Comum entre dois polinômios em $\mathbb{K}[x]$.

A proposição a seguir nos fornece resultados no caso em que o resto da divisão entre dois polinômios é zero. Lembramos que neste caso $f(x)$ é dito divisível por $g(x)$ ou $g(x)$ divide $f(x)$, e escrevemos $g(x)|f(x)$.

Proposição 6.7. *Sejam $f(x), g(x)$ e $h(x) \in \mathbb{K}[x]$ polinômios nulos. Então:*

1. *Se $g(x)|f(x)$ e $f(x)|h(x)$ então $g(x)|h(x)$.*

2. *Se $g(x)|f(x)$ e $g(x)|h(x)$ então $g(x)|(f(x) \pm h(x))$.*

3. *Se $g(x)|f(x)$ então $g(x)|f(x) \cdot p(x)$ para todo $p(x) \in \mathbb{K}[x]$.*

4. *Se $g(x)|f(x)$ e $g(x)|h(x)$ então $g(x)|(f(x) \cdot p(x) + h(x) \cdot t(x))$ para todo $p(x), t(x) \in \mathbb{K}[x]$.*

Demonstração. Exercício para o leitor. □

Definição 6.7. *Sejam $f(x)$ e $g(x)$ polinômios não simultaneamente nulos em $\mathbb{K}[x]$. O polinômio mônico $d(x) \in \mathbb{K}[x]$ é dito máximo divisor comum de $f(x)$ e $g(x)$ se:*

1. *$d(x)|f(x)$ e $d(x)|g(x)$.*
2. *Se existe $d_1(x) \in \mathbb{K}[x]$ tal que $d_1(x)|f(x)$ e $d_1(x)|g(x)$, então $d_1(x)|d(x)$.*

Notação: $d(x) := mdc(f(x), g(x))$.

Teorema 6.3. *Sejam $f(x)$ e $g(x)$ polinômios não simultaneamente nulos em $\mathbb{K}[x]$, então $d(x) = mdc(f(x), g(x))$ existe e é único.*

Demonstração. Suponhamos que $d(x) := mdc(f(x), g(x))$ e $d_1(x) := mdc(f(x), g(x))$. Pelo item $ii)$ da definição 6.7, temos que $d_1(x)|d(x)$ e $d(x)|d_1(x)$. Então, $d(x) = cd_1(x)$, como $d(x)$ e $d_1(x)$ são mônicos então $c = 1$. Isto prova a unicidade. Deixaremos a prova da existência para o leitor. (Dica: Basta aplicar o Lema de Euclides aos pares de polinômios $(f(x), g(x))$, $(g(x), r_1(x))$, $(r_1(x), r_2(x)) \cdots (r_{n-1}(x), r_n(x))$. Para algum $n \in \mathbb{N}$ teremos $r_{n+1} = 0$, neste momento o algoritmo termina e $r_n(x) = mdc(f(x), g(x))$. □

Exemplo 6.9. *Vamos calcular o $mdc(f(x), g(x))$ sendo $f(x) = x^3 + 2x^2 + 2x + 1$ e $g(x) = x^2 - 1$.*

Temos que:

$$\begin{aligned} x^3 + 2x^2 + 2x + 1 &= (x^2 - 1) \cdot (x + 2) + 3x + 3 \\ x^2 - 1 &= (3x + 3) \cdot (\frac{1}{3}x - \frac{1}{3}) + 0 \end{aligned}$$

Portanto, um divisor comum de $f(x)$ e $g(x)$ é $\frac{1}{3}x - \frac{1}{3}$. Como $d(x)$ é mônico, então $mdc(f(x), g(x)) = x + 1$.

Proposição 6.8. *Sejam $f(x)$ e $g(x)$ polinômios não simultaneamente nulos em $\mathbb{K}[x]$ e $d(x) = mdc(f(x), g(x))$, então existem polinômios $a(x), b(x) \in \mathbb{K}[x]$ tais que:*

$$d(x) = f(x)a(x) + g(x)b(x).$$

Demonstração. Vimos que o $mdc(f(x), g(x))$ é o último resto não nulo obtido pelas divisões sucessivas, ou seja, $mdc(f(x), g(x)) = r_n(x)$. Observemos que $r_1(x) = f(x) - g(x) \cdot q_1(x)$. Suponhamos, por indução que $r_k(x) = a_k(x)f(x) + b_k(x)g(x)$ e $r_{k-1}(x) = a_{k-1}(x)f(x) + b_{k-1}(x)g(x)$. Como $r_{k+1}(x) = r_{k-1} - r_k q_{k+1}(x)$, segue o resultado. □

Definição 6.8. *Dois polinômios $f(x)$ e $g(x)$ em $\mathbb{K}[x]$ são ditos relativamente primos quando $d(x) = mdc(f(x), g(x)) = 1$.*

Proposição 6.9. *Sejam $f(x), g(x), h(x) \in \mathbb{K}[x]$. Então vale o seguinte:*

1. *Se $f(x)|h(x)g(x)$ com $f(x)$ e $g(x)$ relativamente primos, então $f(x)|h(x)$.*

2. *Se $f(x)|h(x)$, $g(x)|h(x)$ com $f(x)$ e $g(x)$ relativamente primos, então $f(x)g(x)|h(x)$.*

Demonstração. Exercício para o leitor. □

Definição 6.9. *Sejam $f(x)$ e $g(x)$ polinômios não nulos em $\mathbb{K}[x]$. O polinômio mônico $m(x) \in \mathbb{K}[x]$ é chamado de um mínimo múltiplo comum de $f(x)$ e $g(x)$ se as seguintes propriedades forem satisfeitas:*

1. *$f(x)|m(x)$ e $g(x)|m(x)$.*

2. *Se $m_1(x) \in \mathbb{K}[x]$ é tal que $f(x)|m_1(x)$ e $g(x)|m_1(x)$, então $m(x)|m_1(x)$.*

Terminamos esta subseção observando que sempre existe o mínimo múltiplo comum de dois polinômios $f(x)$ e $g(x)$. Basta ver que o conjunto dos múltiplos de $f(x)$ e $g(x)$ é sempre não vazio pois contém $h(x) = f(x) \cdot g(x)$.

6.3.3 Fatoração e Redutibilidade de Polinômios

Nesta seção apresentaremos o conceito de polinômios redutíveis em $\mathbb{K}[x]$. Veremos que um polinômio possuir raiz em um corpo $\mathbb{K}$ é uma condição suficiente para que ele seja redutível nesse corpo, no entanto não é uma condição necessária.

Definição 6.10. *Um polinômio $f(x) \in \mathbb{K}[x] \setminus \{0\}$ não constante é dito irredutível em $\mathbb{K}[x]$ se ao escrevermos $f(x)$ como um produto $f(x) = g(x)h(x)$, com $g(x), h(x) \in \mathbb{K}[x]$, então, $g(x)$ ou $h(x)$ é uma constante em $\mathbb{K}$.*

Definição 6.11. *Dizemos que um polinômio $f(x) \in \mathbb{K}[x]$ é redutível em $\mathbb{K}[x]$ se ele não for irredutível em $\mathbb{K}[x]$.*

Exemplo 6.10. *Todo polinômio $f(x) \in \mathbb{K}[x]$ de grau 1 é irredutível em $K[x]$ para qualquer corpo $\mathbb{K}$.*

Um polinômio pode ser irredutível em $\mathbb{K}[x]$ e ser redutível em $L[x]$ tal que $\mathbb{K} \subset L$. Por exemplo:

Exemplo 6.11. *O polinômio $x^2 - 5$ é irredutível em $\mathbb{Q}[x]$, mas é redutível em $\mathbb{R}[x]$. De fato, este polinômio se fatora em $\mathbb{R}$ da seguinte forma:*

$$x^2 - 5 = (x - \sqrt{5})(x + \sqrt{5}).$$

Exemplo 6.12. *O polinômio* $x^2 - 4x + 5$ *é irredutível em* $\mathbb{R}[x]$*, mas é redutível em* $\mathbb{C}[x]$*. De fato, este polinômio se fatora em* $\mathbb{C}[x]$ *da seguinte forma:*

$$x^2 - 4x + 5 = [x - (2 - i)][x + (2 + i)].$$

Proposição 6.10. *Todo Polinômio* $f(x) \in \mathbb{K}[x]$ *de grau* $n \geq 2$ *que possui uma raiz em* $\mathbb{K}$ *é redutível em* $\mathbb{K}[x]$*.*

Demonstração. De fato, seja α raiz de $f(x)$ em $\mathbb{K}$, então $f(x) = (x - \alpha)g(x)$ com $g(x) \in \mathbb{K}[x]$ de grau maior ou igual a 1.

□

Observação 6.4. *Se um polinômio* $f(x)$ *for redutível em* $\mathbb{K}[x]$ *significa que podemos escrevê-lo como o produto de fatores com grau menor (Podemos fatorá-lo). No entanto, cada um desses fatores não necessariamente possuirão raiz em em* $\mathbb{K}$*. Veja o exemplo abaixo:*

Exemplo 6.13. *O polinômio* $x^4 + x^3 + 3x^2 + 2x + 2$ *é redutível em* $\mathbb{R}[x]$*, pois*

$$x^4 + x^3 + 3x^2 + 2x + 2 = (x^2 + x + 1)(x^2 + 2).$$

Observemos que nenhum dos fatores possui raiz real.

O teorema abaixo nos mostra sob quais condições um polinômio possuir raízes em um corpo é necessário e suficiente para que ele seja redutível.

Teorema 6.4. *Seja* $f(x) \in \mathbb{K}[x] \setminus \{0\}$ *com grau* $n = 2$ *ou* $n = 3$*.* $f(x)$ *é redutível em* $\mathbb{K}[x]$ *se, e somente se,* $f(x)$ *possui raízes em* $\mathbb{K}$*.*

Demonstração. Exercício para o leitor. □

Um resultado interessante sobre polinômios com coeficientes reais é o:

Teorema 6.5. *Se* $z = \alpha - \beta i$ *for uma raiz complexa do polinômio* $f(x) \in \mathbb{R}[x]$*, então o conjugado* $\bar{z} = \alpha - \beta i$ *também será raiz de* $f(x)$.

Exemplo 6.14. *Seja* $f(x) = x^3 + 2x^2 + x + 2$*. Temos que* $f(i) = 0 = f(-i)$*. Qual é a outra raiz de* $f(x)$*?*

Finalizaremos este capítulo com o Teorema Fundamental da Álgebra. Existem diversas demonstrações desse teorema. Uma delas pode ser encontrada na página 114 da referência [2].

Teorema 6.6 (TFA). *Todo polinômio* $f(x) \in \mathbb{C}[x]$ *com grau* $n \geq 1$ *possui pelo menos uma raiz complexa.*

Uma consequência imediata deste teorema é a seguinte:

Corolário 6.2. *Todo polinômio* $f(x) \in \mathbb{C}[x]$ *com grau* $n \geq 1$ *possui* n *raízes em* $\mathbb{C}$.

6.4 Exercícios

1. Prove por indução sobre o grau do polinômio que se um polinômio $f(x)$ se anula para qualquer que seja o valor da variável x, então ele é identicamente nulo. (Dica: Para usar o passo de indução compute $2^n p(x) - p(2x)$)

2. Prove que se um polinômio de grau n, $f(x) = a_n x^n + a_{n-1} x^{n-1} + \cdots + a_1 x + a_0$ se anula para mais de n valores de x, então ele é um polinômio nulo. (Dica: Observe que a matriz do sistema homogêneo correspondente é de Vandermonde).

3. Prove as propriedades da adição de polinômios.

4. Mostre que não existe polinômio $f(x) \in \mathbb{R}[x]$ tal que $(f(x))^2 = x^3 + x + 1$.

5. Dados os polinômios $f(x) = (2a-1)x + 5$ e $g(x) = 6ax + 3a + 1$, determine todos os valores de $a \in \mathbb{R}$ para os quais $gr(f(x)g(x)) = 2$.

6. Calcule a soma dos polinômios em $\mathbb{Z}_5$: $f(x) = \overline{2}x^4 + \overline{4}x^2 + \overline{3}x + \overline{3}$ e $g(x) = \overline{3}x^4 + \overline{2}x + \overline{4}$. E se fosse em $\mathbb{Z}_7$?

7. Determine os valores de a e b de modo que os polinômios $f(x) = x^4 + x^3 + ax^2 + bx - 2$ seja divisível por $g(x) = x^2 - x - 2$.

8. Dado $f(x) = x^3 - 4x^2 + 7x - 3$ determine o polinômio $g(x)$ de modo que o quociente da divisão de $f(x)$ por $g(x)$ seja $x - 1$ e o resto seja $2x - 1$.

9. Determine os valores de a e b em $g(x) = x^2 + ax + b$ de modo que $x^4 + 1$ seja divisível por $g(x)$.

10. Prove que se $a + b + c = 0$ então $ax^2 + bx + c$ é divisível por $x - 1$.

11. Mostre que se $a \neq b$ são raízes de $f(x)$, então $f(x)$ é divisível pelo produto $(x-a)(x-b)$.

12. Sejam $a \neq b \in \mathbb{R}$. Mostre que:

    a) O resto da divisão de $f(x)$ por $(x-a)(x-b)$ é dado por

    $$r(x) = \frac{f(a) - f(b)}{a - b}x + \frac{af(b) - bf(a)}{a - b}$$

    b) Se um polinômio $f(x)$ ao ser dividido por $x + 1$ deixa resto -3 e ao ser dividido por $x - 2$ deixa resto 2, qual será o resto na divisão de $f(x)$ por $(x+1)(x-2)$?

13. Para os polinômios abaixo, prove que:

    a) $x^{2n-1} + x + 2$ é divisível por $x + 1$ para todo $n \geq 1$.

    b) $(x+1)^{2n} - x^{2n} - 2x - 1$ é divisível por $x(x+1)(2x+1)$.

14. Para um polinômio $f(x)$ sabe-se que $f(-1) = 5$, $f(1) = -1 = f(2)$. Determine o resto da divisão de $f(x)$ por $g(x) = (x^2 - 1)(x-2)$.

15. Utilize o algoritmo de Briot-Ruffini e encontre o quociente na divisão de $x^n - a^n$ por $x + a$

16. Ache todas as raízes em $\mathbb{Z}_5$ de $f(x) = \overline{1}x^5 + \overline{3}x^3 + \overline{1}x^2 + \overline{2}x$.

17. Mostre que a equação $x^2 = 1$ tem 4 soluções em $\mathbb{Z}_{15}$.

18. Sejam $f(x), g(x), h(x) \in K[x]$ tais que $f(x) \mid h(x)$, $g(x) \mid h(x)$, $f(x)$ e $g(x)$ são coprimos. Então $f(x)g(x) \mid h(x)$.

19. Sejam $f(x) = a_n x^n + \cdots a_1 x + a_0$ e $g(x) = b_m x^m + \cdots + b_1 x + b_0$ polinômios em $\mathbb{K}[x]$, de graus n e m respectivamente. Mostre que

$$f(x)g(x) = a_n b_m mmc(f(x), g(x)) mdc(f(x), g(x)).$$

20. Se p e q são dois números primos distintos, mostre que $mdc(x-p, x-q) = 1$. em $\mathbb{R}[x]$.

21. Determine m e n reais para que $g(x) = x^4 + mx^2 + n$ seja divisível por $x^2 - 4$ e $x^2 - 3$.

22. Determine m e n reais para que $g(x) = 2x^4 + 3x^3 + mx^2 - nx - 3$ seja divisível por $x^2 - 2x + 3$.

23. Se a e b são determinados de forma que o polinômio $x^3 + ax^2 + bx + 20$ seja divisível por $x^2 - 5x + 4$, qual é o valor de $a + b$?

24. Dados $f(x) = 2x^4 - 2x^3 + 5x + 1$ e $g(x) = x^2 + 6x - 7$ em $\mathbb{R}[x]$. Determine:

    a) $d(x) = mdc(f(x), g(x))$

    b) polinômios $a_1(x), b_1(x) \in \mathbb{R}[x]$ tais que

    $$d(x) = a_1(x)f(x) + b_1(x)g(x)$$

    c) $mmc(f(x), g(x))$

25. Mostre que existem $p(x), q(x) \in \mathbb{Z}$ tais que $x^4 + 4 = p(x)q(x)$.

26. Encontre todos os valores de A e B de forma que $\dfrac{x+1}{x^2 - x} = \dfrac{A}{x} + \dfrac{B}{x-1}$.

27. Mostre, por indução, que $x^n - 1$ é divisível por $x - 1$ para todo $n \geq 1$ e $x \neq 1$.

28. Mostre que o polinômio $f(x) = x^{100} - 2x^{50} + 1$ é divisível por $x^2 - 1$.

29. Qual o resto da divisão do polinômio x^{100} por $x + 1$?

30. Prove que um elemento $a \in \mathbb{K}$ é uma raiz múltipla de $f(x) \in \mathbb{K}[x]$ se, e somente se, a é raiz de $f(x)$ e de sua derivada $f'(x)$.

31. Mostre que se p é um número primo, o polinômio $f(x) = x^3 - 2px + p^3 \in \mathbb{Q}[x]$ é irredutível sobre $\mathbb{Q}$.

32. Mostre que todo polinômio $f(x) \in \mathbb{R}[x]$ de grau ímpar possui pelo menos uma raiz real.

33. Seja $f(x) \in \mathbb{R}[x]$ tal que $z = a + bi$ é uma raiz de $f(x)$ em $\mathbb{C}$. Mostre que $g(x) = x^2 - 2ax + (a^2 + b^2)$ divide $f(x)$ em $\mathbb{R}[x]$.

Referências

[1] R.G. Bartle and D.R. Sherbert. *Introduction to real analysis*. John Wiley & Sons Canada, Limited, 2000.

[2] G. Birkhoff and MacLane S. *Álgebra Moderna Básica*. Editora Guanabara Dois S.A., 1977.

[3] J.P. de Oliveira Santos. *Introdução teoria dos números*. Coleção Matemática Universitária. Instituto de Matemática Pura e Aplicada, 2011.

[4] Martin Erickson and Anthony Vazzana. *Introduction to Number Theory*. Chapman & Hall/CRC, 1st edition, 2007.

[5] A. Gonçalves. *Introdução à Algebra*. Projeto Euclides. Instituto de Matemática Pura e Aplicada, 2003.

[6] C. H. C. Guimarães. *Sistemas de Númeração*. Editora Interciência, 2014.

[7] G. H. Hardy and E. M. Wright. *An Introduction to the Theory of Numbers*. Oxford, fourth edition, 1975.

[8] G. Iezzi. *Fundamentos de Matemática Elementar: Polinômios, equações*, volume 6. Editora Atual, 2013.

[9] A.W. Knapp. *Advanced Algebra*. Cornerstones. Birkhäuser Boston, 2007.

[10] E.L. Lima, P.C.P. Carvalho, E. Wagner, and A.C Morgado. *A matemática do Ensino Médio*. Coleção do Professor de Matemática. Sociedade Brasileira de Matemática, 2004.

[11] R.A. Mollin. *Fundamental Number Theory with Applications*. Discrete Mathematics and Its Applications. Taylor & Francis, 1997.

[12] R.A. Mollin. *RSA and Public-Key Cryptography*. Discrete Mathematics and Its Applications. CRC Press, 2002.

[13] L.J. Mordell. *Diophantine equations*. Pure and Applied Mathematics. Elsevier Science, 1969.

[14] J. Neukirch and N. Schappacher. *Algebraic Number Theory*. Grundlehren der mathematischen Wissenschaften. Springer Berlin Heidelberg, 2013.

[15] K.I.M. Oliveira and A.J.C Fernandez. *Iniciação a Matemática: um curso com problemas e soluções*. Sociedade Brasileira de Matemática, 2012.

Impressão e acabamento
Gráfica da Editora Ciência Moderna Ltda.
Tel: (21) 2201-6662